你好！航空器

天空中的物理课堂

绘知堂科普馆　编绘

中国石化出版社
HTTP://WWW.SINOPEC-PRESS.COM

U0264072

图书在版编目（CIP）数据

你好！航空器：天空中的物理课堂 / 绘知堂科普馆编绘 .
—北京：中国石化出版社，2020.9
（我的科学漫画书）
ISBN 978 - 7 - 5114 - 5952 - 7

Ⅰ.①你⋯　Ⅱ.①绘⋯　Ⅲ.①飞行器 – 少儿读物
Ⅳ.① V47–49

中国版本图书馆 CIP 数据核字（2020）第 170615 号

未经本社书面授权，本书任何部分不得被复制、抄袭，或者以任何形式或
任何方式传播。版权所有，侵权必究。

中国石化出版社出版发行

地址：北京市东城区安定门外大街 58 号
邮编：100011　电话：(010) 57512500
发行部电话：(010) 57512575
http://www.sinopec-press.com
E-mail：press@sinopec.com
北京富泰印刷有限责任公司印刷
全国各地新华书店经销

＊

889 × 1194 毫米 16 开本 6.5 印张 61 千字
2020 年 9 月第 1 版　2020 年 9 月第 1 次印刷
定价：36.00 元

推荐序·一

翱翔蓝天是人类亘古以来的梦想，从嫦娥奔月的神话到鲁班制作木鸟飞行的传说，从风筝、古代火箭、孔明灯到竹蜻蜓……历史上的中国人对于飞天有过无数的幻想，也进行了许多别出心裁的尝试，虽然这些尝试并没有真正让人离开地面，但却为人类飞上天空提供了很多灵感。

作为20世纪最伟大的发明之一，飞机的出现让人类飞行的梦想成为现实，将人类带入了航空的时代。航空工业被称为"现代工业之花"，是一个国家经济、技术、国防实力和工业化水平的综合体现。作为一名30余年从事航空领域教学科研工作的教育工作者和科技工作者，我有幸见证了我国航空工业从小到大、从弱到强的发展历程，同时也深深感到，在日益激烈的国际竞争中，想要牢牢把握航空工业发展的主动权自主权，抢占发展的制高点，就需要更多具有学术潜质和创新能力、有志于祖国航空事业的人才投身航空领域，助力航空强国建设。

青少年是祖国的未来、民族的希望，同样也是航空工业的未来和希望。广泛面向青少年普及航空知识，激发青少年对航空、对科学的兴趣，让他们从小就树立起翱翔蓝天的梦想，对于航空事业的未来发展至关重要。科普图书以其科学性、通俗性、趣味性等特点，在普及科学知识、激发科学兴趣方面具有重要的作用，一本好的航空科普图书，一定能让更多的青少年对翱翔蓝天产生兴趣，为他们埋下投身航空事业梦想的种子。

本书的两位作者张运鹏和高弄玥是我校航空学院飞行器设计与工程专业的毕业生。看到他们在完成学业的同时，能够对所学知识进行系统梳理，并在加入了自己的理解后，以通俗易懂的方式进行分享，作为他们的老师我感到高兴和欣慰。航空是一门综合性很强的学问，在腾空而起的庞然大物背后有着很多神秘而美妙的科学原理。在阅读这本书初稿的过程中，我惊喜地发现，两位年轻的作者不仅将丰富的航空知识分解为一个个图文并茂的小故事，同时按照自己的学习历程，以青年人的视角将现象背后的科学原理由浅入深地展示出来。本书不仅适合青少年儿童阅读，对于很多成年人来说，也不失为一本了解航空知识的优秀科普图书。

真诚地希望青少年朋友们能够通过阅读这本图书，从中领会到科学知识的神奇和严谨，以及翱翔蓝天的乐趣和魅力。我也希望这本书能够让更多的青少年朋友们树立投身航空事业的远大理想，在不久的将来为航空强国建设，为实现强军梦、中国梦贡献力量。

西北工业大学党委副书记
万小朋教授

推荐序·二

2020庚子鼠年疫情期间最幸福之事莫过于收到往届毕业生的问候，为师一生之意义在于自己的言传身教让多少学生受益，多年以后他们还能记得你的影响。本书文字作者之一的张运鹏同学是一个高高瘦瘦的大男孩，我是他的高中班主任，也是他的物理老师。运鹏同学在学习上很较劲，经常为一二个小问题弄得眉头紧锁。

6月19日，突然收到2016届张运鹏同学发来的短信，希望我能为他的处女新著《你好！航空器——天空中的物理课堂》写个序。事情来得很突然，我又惊喜又惶恐。自己虽然中学一线任教20余年，对于出书论著，始终是有心无力。学生已经走在了为师前面，为师者感到骄傲。

《你好！航空器——天空中的物理课堂》，一看书名就知道这是一本科普读物了。科普书应适合普通大众阅读，广泛普及科学知识和生活常识，做到语言通俗易懂、朴实无华，处处充满生活。我认真阅读了全部书稿，感到两位作者写得非常用心、投入，在作品中融入了广阔的航空知识和深邃的问题思考。第一部分从人类的飞行梦朴素的思想出发——探索天空、征服自然始终是人类的奋斗目标，即便现在也从未停止。在探索飞天的过程中，一代又一代的航空人不断奋斗，才有了现在的发展和成就。第二部分介绍固定翼飞机的结构功能。我们可能都坐过飞机，即便没有坐过飞机，也能猜想到飞机的发动机应该是为飞机提供动力和电力的装置，但我就没想到飞机的发动机跟汽车的发动机一样，也能起减速的作用。第三部分是空中物理课堂，从小学生都能看得懂的二力平衡，到初中的杠杆原理，再到高中的物体平衡，环环相扣，处处都体现着物理学的魅力，小读者可以在知识的海洋中层层深入。这一部分也是本书的结尾和高潮所在——你知道大气层究竟有多高吗？雷雨天气飞机延误，是因为飞机也怕遭雷劈吗？本书给出了形象、生动的描述。

本书的另一个特点是没有理论上的深入探寻，却增添了漫画绘图，属于典型的科普绘本，特别适合小学高年级同学及中学生的阅读。书中没有深奥的理论，也没有引经据典，而是真实地记录了航空器的发展历程。一会是"屁股着火啦！"，一会是"门牙磕碎了！"，大量的幽默插图让你的阅读时光毫不疲倦；飞机起落架后三点的"倒栽葱"，前三点的"摆振现象"，形象的比喻让小读者充分感受到知识来源于生活。卢瑟福有一句名言："只有当你能把一个理论讲得连女仆都能听懂，你才算真懂了。"

岁月如梭，我从事高中物理教育教学工作已经24载春秋。读着自己学生的著述，我看到了万千新一代中学生的茁壮成长。你们完成了北京四中学子的初步使命"做教育引导社会的使者"，汝师倍感欣慰。对于喜欢航空的爱好者们，请认真读一读吧，这是我们新一代中国青年的共同财富。

恰逢夏秋之交，一周后立秋，秋高气爽，同学们的科普教育绘本也会硕果累累。

北京市第四中学物理教研组

陈伟 于北京

2020.7.31

前言

自古以来人们都对天空充满好奇。百余年前，天空为天涯，而今已然化为咫尺。航空不仅拉近了人与天空的距离，它还重塑了"距离"的概念。生在航空时代，世间万物皆可"互联"。

当你在机场候机时，面对一个百余吨重的大家伙，可能很难想象是何种"魔力"助其飞上天的，好在好奇的人类已经能够用数学和物理原理描述和解释"飞行"中的大部分现象与规律。我们自幼对飞上天空的庞然大物充满兴趣，并最终将这一兴趣转变为自己的专业。大学期间，我们从最基础的高等数学开始，一步步走近力学、控制论、程序设计、概率分析等理论基础与分析方法，最终在毕业设计阶段接触到飞行器设计过程中的一些实际工作。时至今日，我们依旧对这些巨大的"铁鸟"背后美妙的科学原理充满敬畏。

飞机打动人的不只是客机腾空而起刹那间的神奇，也不只是战斗机上下翻飞时的灵动，还有其中所蕴含的大自然的奥妙以及我们人类的智慧。我们希望能够为读者朋友们提供一个别样的角度认识航空，在认识飞机的同时初探航空领域相关的科学理论。

最后，感谢北京四中物理组陈伟老师，是他将一个喜欢飞机的男孩领入科学的殿堂，并告诫道：要先学会做人再学做学问。感谢西北工业大学万小朋教授，万老师对本书的支持坚定了我们的信心，同时指出了本书中一些专业上的问题，使本书最终得以成型。此外在本书的前期创作和后期修改、出版过程中，我们得到了很多老师和朋友的帮助，在此表示最为真挚的感谢！本书插图作者杨芯昱创立的"绘知堂科普馆"使我们能够有机会分享自己的所学与所感。此外杨芯昱还为本书创作了全部的插图作品，在此一并表示感谢。

希望本书能为读者们带来认识航空的全新视角！

本书文字作者：张运鹏、高弄玥

人物介绍

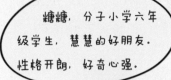

糖糖，分子小学六年级学生，慧慧的好朋友。性格开朗，好奇心强。

慧慧，分子小学六年级学生，细心、好学，喜欢画画、读书。

面无表情的小太阳，因为对飞机司空见惯所以不经常露出笑容。

小知，分子小学三年级学生，慧慧的弟弟。活泼好动，喜欢学习自然科学。

小鹏，糖糖的哥哥，分子大学航空学院的研究生，喜欢和飞机有关的一切。

如果你在正文中看到这样的标记，可以到每章的最后找到对应的补充阅读内容哦！

不难发现，热气球虽然具备飞行的能力，但是从发明至今却很少被用来当做运输工具，主要是因为它所能达到的高度并不高，速度也比较慢。

在热气球的基础上，更为先进的飞艇产生了，飞艇与热气球造型上的主要不同点在于球的形状：热气球的球类似于带小口的球，而飞艇的球更像两头尖、中间胖的梭子。

飞艇的气球内直接充入了密度小于空气的气体，同时安装了可以控制飞行方向的装置，从安全性与操控性两方面都远远优于热气球。

因为这些优点，飞艇成为了民航史上第一种运载乘客的飞行器，时至今日，各个国家的航空系统内部还在继续研究飞艇，足以看出飞艇对于人类飞行起到的重要意义。

风筝、滑翔翼是现代固定翼飞机的老祖宗？

"儿童散学归来早，忙趁东风放纸鸢。"清代诗人高鼎的《村居》，描述了春日里放了学的孩子们急急出门放风筝的场景。

风筝的制作也是比较简单的，同样是先选取轻巧的细长竹条或木棍，固定成自己想要的风筝样式的框架，随后用纸糊于框架上，最后接好风筝线，就可以拿出去放飞了。

风筝是当今固定翼飞机的最早雏形。放风筝需要控制者掌握一定的技巧，从而借助空气的力量将风筝"托"上蓝天。风筝没有动力装置，从这个角度上来讲，滑翔机可谓是和风筝的"近亲"了，它们都属于"固定翼飞行器"。

目录

人类的飞行梦

　　很久以前，当人们抬头仰望一望无际的蓝天时，就有了飞向高空，一探究竟的梦想。作为从猿类进化而来的生物，人们耗费了相当长的时间从使用四肢在地上爬行演化为使用双腿行走，算是一定程度上"脱离"了一部分地球引力。但是看到能在天空中自由自在飞翔的鸟儿，人们不甘于被地心引力老老实实地"吸"在地面上，于是人类发展史上的"叛逆期"到来了。

　　人类先是不断制造能够飞上天的物品，而后开始努力尝试让自己飞起来。孔明灯、风筝、竹蜻蜓等便是人类祖先尝试"飞行"的杰作。你知道吗？其实人们现在乘坐的飞机，可以算是这些玩具的近亲！快让我们一起去了解航空的发展历史和不同类型的航空器吧！

孔明灯、热气球和飞艇如何腾空？

孔明灯，也叫做"天灯"。相传孔明灯是由三国时期的大军师诸葛孔明创造出来的，而且它的形状又和他戴的帽子非常像，因此得名。

孔明灯的制作比较简单，首先用两根非常轻的细长竹条交叉并弯出一个框架，然后在其表面糊上宣纸或者绵纸，最后在框架的正下方绑上一碟灯油或者蜡烛即可。

孔明灯的放飞是一项技术活儿，两人需要一同拿住孔明灯的框架，点燃灯下的蜡烛或者油芯，感受到手中的孔明灯有向上飞的趋势后，再缓缓将灯放飞。

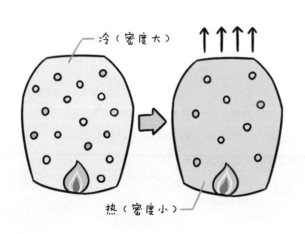

你知道其中的原理吗？火焰对灯内部的空气进行加热，空气受热膨胀后，相对于外部的空气密度变小，内外密度差产生的"升力"就会把孔明灯"托"向天空。

过去，人们在传统节日在灯上写下心中所求，并且认为天灯飞得越高、越远，所求之事成真的可能性就越大。人们第一次感到自己的"精神"离遥远神秘的天空如此之近。

热气球是孔明灯的"放大版"。18世纪晚期，法国的蒙格费兄弟两人制作了一只热气球并成功放飞，法国国王得知后便邀请他们兄弟二人做表演。

这次表演的热气球中载有鸡、鸭、羊各一只，这是历史上第一次热气球成功载生物升空飞行。而后不久，热气球的载人飞行就实现了。

时至今日，乘坐热气球已经成为观光旅游的一种方式，在许多旅游热门国家，如土耳其、巴西等，观光热气球的数量相当之多。

不难发现，热气球虽然具备飞行的能力，但是从发明至今却很少被用来当做运输工具，主要是因为它所能达到的高度并不高，速度也比较慢。

在热气球的基础上，更为先进的飞艇产生了。飞艇与热气球造型上的主要不同点在于"球"（艇体）的形状：热气球的球类似于带小口的足球，而飞艇的"球"（艇体）则更像两头尖、中间胖的梭子。

飞艇艇体的气囊内直接充入了密度小于空气的气体，同时安装了可以控制飞行方向的装置，从安全性与操控性两方面都远远优于热气球。

因为这些优点，飞艇成为了民航史上第一种运输乘客的飞行器。时至今日，各个国家的航空系统内部还在继续飞艇的研究，足以看出飞艇对于人类飞行的重要意义。

风筝、滑翔翼是现代固定翼飞机的老祖宗？

"儿童散学归来早，忙趁东风放纸鸢"。清代诗人高鼎的《村居》中描述了春日里放学的孩子们出门放风筝的场景。

风筝的制作也是比较简单的，同样是先选取轻巧的细长竹条或木枝，固定成自己想要的风筝样式的框架，随后用纸糊于框架上，最后接好风筝线，就可以拿出去放飞了。

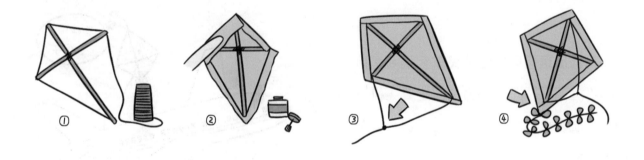

风筝是当今固定翼飞机的最早雏形。放飞风筝需要掌握一定的技巧，借助空气的力量将风筝"托"上蓝天。风筝没有动力装置，从这个角度讲，滑翔机可谓是风筝的"近亲"了，它们都属于"固定翼飞行器"。

7

滑翔机要么从较高处冲出来，要么依靠别的飞机从高处释放才能飞起来。滑翔机依靠风力和高度的下降来保持在空中滑翔，当落到地面时，飞行也就自动结束了。

我们出远门时乘坐的民航客机则是风筝的"远亲"——有动力的固定翼飞机。一般民航客机的发动机（动力装置）大多位于机翼下方，是一个圆圆的装置。

小一些的飞机一般有两台发动机，大一些的则有四台。飞机发动机向后喷出气体，这样就能推着飞机向前飞了。

背着一台向下吹风的电风扇，能飞起来吗？

竹蜻蜓是另外一种能够飞上天的玩具，一般呈"T"字形，横置的木片或者塑料片有一定的厚度变化，只要用双手一搓，就能将竹蜻蜓"放飞"了。

竹蜻蜓会在空中经过先上升后下降的过程，最后落回地面。不过这"一搓"也是相当讲究的，顺时针和逆时针中只有其中某个搓的方向能够让竹蜻蜓飞起来。

竹蜻蜓是"旋翼飞机"最早的雏形之一。除此之外，达·芬奇曾经在他的手稿中描绘了类似于现代旋翼飞机的模型。

你可能没有见到过真正的旋翼飞机，但你一定见到过风扇旋转：几片扇叶在快速旋转的时候会向前吹风。

9

如果把风扇吹风的方向改成向下，它是不是就可以把自己"推升"起来了呢？这便是旋翼能让飞机飞起来的办法，和固定翼飞机有很大的不同。

我是个天才啊！

*仅为想象请勿模仿！

我太难了！

你这样我很没面子！

竹蜻蜓的"近亲"便是直升机。直升机一般会在头顶顶一个大大的旋翼，并且至少有两个叶片。直升机不会飞得很高，一般站在地面上就可以看得清。

直升机也不会飞得很快，毕竟旋翼不仅要让飞机能往前飞，还要让飞机能停留在空中不掉下来，在这"双重压力"下，它的工作效率自然要比固定翼飞机低。

看，直升机！

尽管如此，在日常生活中直升机仍扮演着非常重要的角色，因为它有两个"超能力"是固定翼飞机所不具备的：悬停和垂直起降。

"悬停"指的就是停在空中，同时没有任何位置、姿势的变化。很多昆虫都拥有这项能力，在悬停的时候你会觉得它们就像定在了空中一样——既没有往某个方向飞，也没有掉下来。

垂直起降则是指可以"原地起飞"，不需要滑跑也不需要弹射，这就意味着它不需要又宽又长的跑道，这个优点使它在众多类型的飞机中显得与众不同。

拓展阅读：机场的命名

第一，根据机场是否有国际航线业务分为普通机场和国际机场，拥有国际航线业务的机场命名时均需加上"国际"二字；第二，一般机场以所在地的地名命名，例如：上海浦东国际机场（在上海浦东新区）、广州白云国际机场（在广州白云区）、成都双流国际机场（在成都双流县）、上海虹桥国际机场（在上海虹桥镇）、深圳宝安国际机场（在深圳宝安区）、昆明长水国际机场（在昆明市官渡区长水村）、杭州萧山国际机场（在杭州萧山区），等等。

但是有一些机场不是按照所在地来命名的，比如北京首都国际机场。如果按照命名规则，它本应该叫北京顺义国际机场，但由于北京首都国际机场创建已久，其名称也具有一定的特殊性，于是北京首都国际机场的名称便沿用至今。

人们从玩具中获得了灵感，从而创造出飞行器，实现了"脱离地心引力"的美好心愿。然而，发明和不断完善的过程，并没有想象得那么水到渠成。

从1903年12月17日莱特兄弟第一次驾驶飞机跌跌撞撞飞上天空，到今日我们在蓝天之上构筑起由飞机组成的"天空之城"，百余年间航空领域的发展可谓波澜壮阔。

提到航空，首先要说的就是莱特兄弟。悄悄告诉你，这两位首次实现人类可控动力飞行的"大人物"仅仅是中学毕业！

兄弟二人中学毕业后，便开始从事自行车维修与制造工作，但二人自幼对飞行和天空有着浓厚兴趣。

一直以来，莱特兄弟都关注着当时航空领域的前沿消息。在他们所处的年代，人们已经实现了"无动力滑翔"，也就是从高处的起点起飞，通过滑翔"飘"到低处的终点。

莱特兄弟一直想要在滑翔的基础上加上动力，这样有动力的飞机就可以跨越有高度的障碍物，实现更远距离的飞行。

为了实现这个目标，莱特兄弟计划将一套螺旋桨动力装置安装到一架无动力的滑翔机上。

1900～1903年，莱特兄弟进行了大量的实验，并在此基础上先后制造了三架滑翔机，最终决定以最后一架滑翔机作为改装的基础。

与此同时，兄弟二人也在四处寻求帮助以获得更轻便的动力装置，最终他们找到了查尔斯·泰勒。

航空维修之父
查尔斯·泰勒

历史上第一架飞机

查尔斯·泰勒为兄弟二人提供了一台动力小但重量较轻的发动机。莱特兄弟将这台发动机安装到之前那架滑翔机上后，大名鼎鼎的"飞行者"一号就诞生了。✈

随后兄弟二人进行了第一次试飞，由于这是莱特兄弟进行的第一次有动力飞行，他们对于飞机的操纵毫无经验，致使飞机刚刚拉起就重重地摔在了地面上，第一次试飞宣告失败。

1903年12月14日
第一次试飞
飞机biao呱一下
就摔了下来
……

哥哥！我们成功了！

经过三天的修理后，兄弟二人决定进行第二次试飞，这次试飞十分成功。自此，现代飞机的鼻祖诞生。✈

飞机的设计制造是个严谨的工作。莱特兄弟虽然只念到了中学，但他们在飞机的设计制造过程中运用了大量的实验和计算方法，而不是凭空想象。好好学习才是走向成功的第一步哦！

中国设计师帮助波音公司赚到了第一桶金？

冯如（184.1.12-1912.8.25）　　王助（1893.8.10-1965.3.4）

而在同一年代，有两位中国人也在世界航空领域以及中国航空领域留下了浓墨重彩的一笔，他们便是冯如与王助。

我也想上天！

在得知莱特兄弟实现首飞的消息后，20岁的在美华侨冯如便下定决心要制造飞机。

他得到了当地华人的资助，于1908年在美国奥克兰成立了飞机制造厂，1909年成立广东飞行器公司。

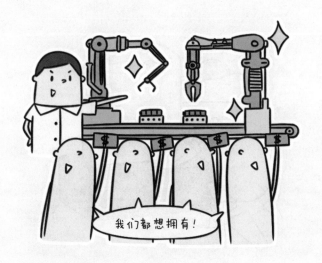

我们都想拥有！

与此同时，冯如一直在学习航空领域相关知识，并在莱特兄弟实现首飞后仅6年（1909年）便成功制造出"冯如一号"飞机，并实现动力飞行。

冯如一号

1910年，冯如借鉴了莱特兄弟和另外一位飞机设计师的飞机设计，成功设计制造出"冯如二号"飞机。

高产如我！

我要回家了！

看都不看……

求你了！别走！

1911年，冯如谢绝了美国的多方挽留，带着助手和两架飞机回到祖国。

不幸的是，1912年，在一次飞行表演中飞机意外失事，冯如不幸遇难。

虽说冯如先生英年早逝，但他毅然回国投身中国航空业对中国航空事业的发展起到了极大的推动作用，他是当之无愧的"中国飞机之父"。

硕士毕业于美国麻省理工学院！

同一时期，还有一位中国人活跃在世界航空领域中，他就是王助。

今天，美国的波音公司是航空领域一大巨头。但你知道吗？波音公司的第一桶金是在王助先生帮助下收获的。

1917年，王助出任波音公司总设计师，任职期间主导改进了波音公司设计的一款水上飞机，并获得美国军方57万美元的订单，为困境中的波音公司赚取了丰厚的利润。

可以说王助是波音公司创始时期最为重要的贡献者之一。1917年底，王助返回祖国，在历届政府下辖的航空部门任职，为中国航空业做出了重要的贡献。

拓展阅读：支线客机vs通用飞机

支线客机通常是指100座以下的小型客机，主要用于承担局部地区短距离的旅客运输，飞行距离在600～1200公里。

通用飞机可以承担各种各样的工作，比如公务机可以作为私人飞机，农用飞机可以用来给农作物洒药，巡逻机可以用来维护社会治安，等等。通用飞机并不以运送旅客为主要使用目的，因此它与支线客机主要区别在于是否运载旅客。

1935年，美国麦克唐纳·道格拉斯公司应市场需求，参照波音公司波音-247型飞机的设计，研制出具有划时代意义的运输机——DC-3型飞机。

DC-3是世界航空领域第一种能够让经营者只靠运送旅客就能够赚钱的客机。它的上市降低了客运成本，直接刺激了航空运输业的发展。

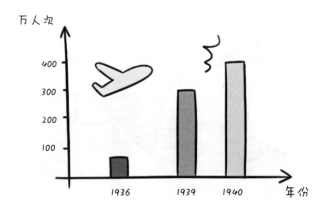

1936年～1939年（第二次世界大战爆发前），美国航空运输量增长了四倍。1939年运送旅客300万人次；1940年运送旅客达到400万人次。

随着第二次世界大战的爆发，结实耐用、可靠性高、经济性好的DC-3型飞机活跃在二战的各个战场，在中国的天空中也留下了自己的痕迹。

抗日战争中，中美两国为了共同抗击日本法西斯，建立了大名鼎鼎的"驼峰航线"，这一航线由云南越过喜马拉雅山进入印度，是当时世界上山峰最险峻、气候条件最恶劣的一条航线。

驼峰航线总指挥
飞虎队司令长陈纳德

通过这条运输航线，中国向印度运送对日作战的远征军士兵，再从印度运回汽油、器械等物资。

战争是残酷的，飞越驼峰航线所运载的物资量超过了人类自从开辟航空运输以来任何航线所运载的物资量。为了开辟和保持这条航线，中美两国均付出了巨大的代价。

据美方统计，从1942年5月至1945年9月这3年零5个月间，中美两国共损失500余架运输机，中美机组共计牺牲1500余名飞行员。

二战结束后的十余年间，航空领域不断发展。人们渴望更高的飞行速度，这一期盼随着喷气式发动机的成熟变为现实。

[英]弗兰克·惠特尔
1907.6.1—1996.8.9

[德]汉斯·冯·奥海恩
1911.12.14—1998.3.13

1954年7月15日，波音707型飞机的原型机首飞。虽说波音707只是世界上第三种成功飞上蓝天的喷气式飞机，但它却是第一种真正取得商业成功的喷气式飞机。

波音707能够将跨越大洋的洲际旅行时间缩短将近一半，再加上飞机的可靠性以及相对低廉的票价，越来越多的百姓选择搭飞机出行。它给世界民用航空领域带来了革命性改变。

国际民航组织公布的资料显示，1957年乘飞机旅行的人数比DC-3时代增加36倍，仅在美国就达到4500万人次。自此，民用航空领域进入了"喷气时代"。

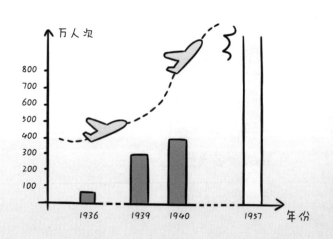

有动力的固定翼飞机按照用途主要分为战斗机、军用运输机、民用运输机、通用飞机和无人机。

战斗机的主要代表类型有歼击机、强击机、轰炸机等。歼击机与强击机主要用于空中飞机的格斗，而轰炸机一般携带大量的炸弹，主要用于对地面的轰炸。

型号	类型	起飞重量	最大飞行速度
通用动力 F-16	战斗机	19.2 吨	1.56 Ma
波音 B-52	轰炸机	220 吨	0.81 Ma
中国商飞 ARJ-21	支线客机	40.5 吨	0.82 Ma
波音 777	干线客机	351.5 吨	0.89 Ma

冲冲冲！

这类飞机都比较小巧，就算是需要载弹的轰炸机，在当下战斗机隐形化的趋势下体型也不会很大，它们的主要特点就是飞行速度快、动作灵活、隐身效果好。

21

军用运输机一般体型都较为庞大，主要用于运输人员、装备。要知道除了枪支弹药，有时候人们甚至要用运输机来运送装甲车、坦克。现实中在军用运输机的基础上，还发展出了加油机、预警机以及部分特种飞机。

预警机身上顶了一个"大盘子"，非常容易辨认，那里面放的便是雷达设备。一架预警机相当于一座空中指挥中心，对于出任务的战斗机来说是有力的后盾。

加油机则负责给战斗机在空中进行加油，以保证战斗机有足够的油飞到目的地完成任务，然后再飞回来。

这类飞机都是真真正正的"大家伙"，需要使用十分强劲的发动机，而飞行速度却不会很快。

民用运输机体型一般和军用的差别不是很大，它的主要作用是运送旅客和货物，因此也称作客机。

客机按照航程和单次飞行能容纳的旅客人数，分为载客量较小、航程较短的支线客机，以及载客量较大、航程较长的干线客机。

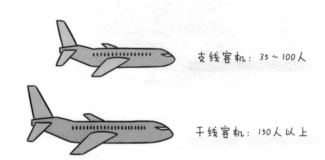

直升机相较于固定翼飞机的最大优势便是可以悬停、垂直起降，因此它可以用于城市巡逻和警务执法。

直升机也可以用于医疗急救，这样就排除了因堵车耽误时间的风险。所以现在许多医院的楼顶都设有直升机停机坪。

如果在原有"基本款"上进行升级，带有机枪等武器装备的武装直升机就诞生了，它可以作为军队装备。

另外，直升机还可以用于抢险救灾。2008年汶川地震时，由于道路中断、信息不通，救援车辆无法进入灾区，直升机便成为了运送物资的"主力军"。

除此之外，地震还带来了滑坡、水位上涨等一系列灾害，水位达到一定高度后会有溃堤的风险，溃堤的后果是非常可怕的。

最终，俄罗斯的米-26向堰塞湖地区吊装了一台13.2吨的重型挖掘机，成功排除了堰塞湖险情，避免了决堤可能带来的数以万计的伤亡。

重型直升机在众多直升机中要求的技术最高，但是发挥的作用也非常大，我国目前还没有这种能够用于救灾抢险、森林防护的重型直升机，这一领域已经得到了国家的重视，目前正在持续发展中。

往上走的热空气

家中的老式暖气片，一般都会放在靠近地面的位置与墙固定，而很少见到挂在墙上并且紧邻天花板的情况。这也是因为热空气的密度较小，会自发从低处扩散到高处，因此将暖气放在地面附近能提高加热的效果。

孔明灯禁令

徐徐升空的天灯寄托了人们美好的情感，但天灯毕竟是靠蜡烛制造热空气来上升，这个特性本身就使其具有安全隐患，曾经就发生过许多类似天灯飘到变电站、居民家中后引发火灾的严重事故。如果带有明火的孔明灯飞到加油站、烟花爆竹仓库等储存有大量易燃易爆物品的地方，后果会更加不堪设想。出于保护民众安全的考虑，各地相继出台政策，禁止了天灯的放飞行为。

什么是"固定翼"？

"固定翼"指的就是固定于机身的机翼，这种机翼在飞行过程中与机身的相对位置不会发生变化。

如今的滑翔机

如今的滑翔机多为飞行爱好者们的飞行工具，或是研究院所用于研究某些问题的工具。滑翔机能一次飞多远、最多在空中飞多久是非常考验驾驶技术的，这不仅仅要求飞行员具有飞机相关的理论知识，更要看他们的经验与手感，这也是驾驶滑翔机的乐趣所在。

新式"竹蜻蜓"

最新款的竹蜻蜓（有三片叶片用外部圆环支撑起来的空心圆环，配有一根带有螺旋纹的塑料棍）和从前的样子有些不同。想让圆环飞上天，只要将圆环放在螺旋纹的底部，迅速往上一推，圆环就旋转着飞上天了。想一想，它的飞行原理和原来的竹蜻蜓一样吗？

什么是"旋翼"？

与固定翼的固定造型正好相对，"旋翼"是一种旋转着的机翼。

飞行者一号的发动机

泰勒为莱特兄弟提供的发动机功率为12马力，约合8.82千瓦，而现代轿车发动机约为80千瓦。

莱特兄弟的试飞记录

1903年2月17日，莱特兄弟一共进行了四次试飞，第一次由弟弟奥维尔·莱特驾驶，飞行时间12秒，飞行距离36米；最后一次由哥哥威尔伯·莱特驾驶，飞行时间59秒，飞行距离260米。

王助其人

1905年，王助考入烟台海军水师学校，毕业后出国留学深造。1915年，王助进入麻省理工学院学习航空工程并获得硕士学位。

美国麦道公司

麦克唐纳-道格拉斯（McDonnell Douglas），一般简称为"麦道"，是一家美国飞机制造商，它制造了一系列著名的民用和军用飞机。从1997年开始，麦道公司成为波音集团的一部分。

全球最大的两家客机设计制造商

波音公司和空中客车公司是全球两大客机设计制造商。波音公司是美国公司，其设计的主要的飞机型号已经从波音707、波音717不间断地排到了波音787。除此之外，它还有许多其他类型的飞机产品，同时也为美国的航天助力，是在全球范围都首屈一指的飞机设计与制造商。

空中客车公司是欧洲公司，由法国、德国、西班牙等国家共同成立，其主要设计型号有空客A300、空客A310直到空客A350和空客A380。空客公司成立之初的主要意义便是与波音公司相抗衡，以试图打破波音在客机界一家独大的现象。我们现在出行所乘坐的飞机主要是由这两家公司设计制造的。

那么我们中国自己的飞机呢？我国的飞机研究还处于起步阶段，投入使用的是中国商飞制造的ARJ21-700型飞机，是一种支线客机。除此之外，还有C919和CR929两种型号的客机正在研究制造，其中C919已经经历了多次试飞，相信在不久的将来就能够带着乘客们飞向蓝天了。

中国商飞

中国商飞，全称为中国商用飞机有限责任公司，成立于上海，目前已有的飞机型号是ARJ21-700，是我们中国人自己设计生产的飞机。如果想体验这种客机的乘坐感受，可以选择成都航空的成都—上海航线，这是ARJ21-700飞机使用最多的航线。

我国民航领域的发展现状

我国在民用航空领域起步较晚，但步入新世纪以来，中国民航人奋起直追研制出了ARJ21型支线客机，并且正在研制体量更大的C919型干线客机和CR929大型宽体客机。

拓展阅读：飞机喷涂——你知道怎么给飞机"做衣服"吗？

飞机在喷漆之前，并不是只有裸露的铁皮，它在组装厂里组装时已经被加上了保护涂层。而飞机的喷涂，在一定程度上是为了好看；另一方面，也便于人们识别隶属的公司；最重要的是，喷涂材料是飞机的"大衣"，起到了对金属的重要保护作用。飞机在组装完毕并完成各航空公司专属的喷涂之前，在整个试飞以及验收过程中会先披着一层黄绿黄绿的"保护外套"。

正式喷漆工作开展前的首要任务是包贴，也就是对所有不进行重新喷漆的区域进行包裹。这些区域包括以下部分。

1. 机身。机身上很多区域是钛合金，例如发动机进气道的最前端，这些部分抗腐蚀性比较强，所以都不需要涂漆。

2. 机翼。机翼一般在离开机翼生产厂家后不会再被进行二次加工处理。这是因为机翼是飞机上对气动要求很高的一部分，出厂前机翼已经被做过了化学处理（包括涂装），所以一般情况下机翼上下都不会有很特别的涂装，只会有些简单的元素，如航空公司的名字和飞机的注册号等。

正式喷漆时，需要调制底漆和面漆，使整架飞机的色彩符合厂商手册的色标要求。然后再按照客户的要求，绘制机身图案、公司标志等等，并喷在机体表面。

在给某一特定区域上色时，普遍的办法是先用宽粘条将待喷涂的形状粘出来，然后均匀地、重复地给该区域喷漆。喷漆的厚度有严格的标准，喷得过厚会增加飞机的重量，导致飞机的耗油量升高。喷漆的整体效果也是对喷漆技工技术的考验，喷枪离飞机的距离、气流的强度、喷枪移动的速度等也都是非常讲究的。

详解固定翼飞机

前缘缝翼

民用客机、战斗机、运输机等都属于"固定翼飞机"。固定的机翼是能够让飞机真正飞起来的关键部分，通常我们看到的大型民航客机的机翼都占据了相当大的空间，并且十分光滑，形状优美。然而在这整洁的外表下，却包含了实现飞行过程所需功能的各种构件。机翼产生升力的原理是什么？飞机上其他的部件又有什么作用？读完这一部分，你也能成为民航飞机小专家！

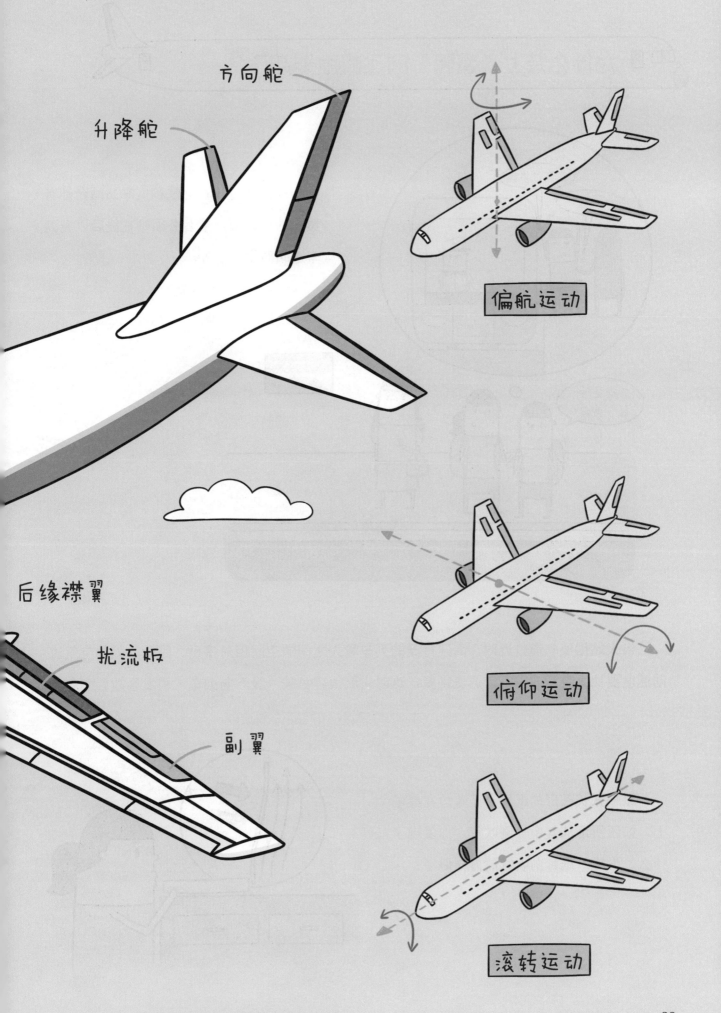

方向舵

升降舵

后缘襟翼

扰流板

副翼

偏航运动

俯仰运动

滚转运动

为什么装上"翅膀"的飞机就能起飞？

你注意过吗？地铁和火车站站台都有黄色的标记线，乘客必须站在线后以免列车进站时发生意外。

当人站得离轨道过近时，高速行驶的列车和人之间的空间相对狭小，因此此处的空气流动速度要比人身后的空气流速快得多，这时人就很容易被"吸"向列车，引发事故。

取一张长条形的纸片，竖着放在桌子上，如图所示从其中一侧吹气，你发现了什么？没错，纸片向吹气的方向偏了！

丹尼尔·伯努利
[瑞士]1700-1782

堵车

顺畅

挤

著名物理学家丹尼尔·伯努利用"伯努利原理"总结了流速和压强之间的关系。简单来说就是"流速大的地方压强小"。这就是为什么当人和高速行驶的列车距离过近时容易被"推"向列车。

那么这和飞机有什么关系呢？飞机得以飞上蓝天的核心就在于"升力"。"升力"产生的其中一种方式，就是靠翼型带来机翼上下表面的压力差。

升力

对称翼型　弦线（中弧线）

前缘　中弧线　后缘

不对称翼型　弦线

你可以想象把机翼顺着机身的方向"锯开"，得到的截面就是"翼型"。"弦线""中弧线"等是用来描述翼型形状非常重要的参考，它们决定了机翼在飞行过程中不同的表现。

由于机翼是具有一定厚度的，空气在从前缘流向后缘的途中就会遇到"障碍"。这时，一部分空气会从翼型的上表面通过，一部分则从翼型的下表面通过。

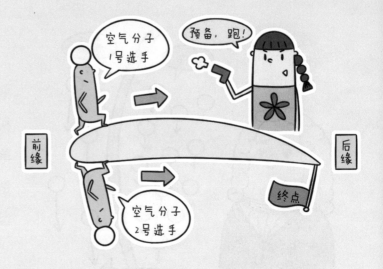

通常情况下翼型的上下表面并不对称，同时从前缘出发的两个空气分子要想在后缘汇合，从路程比较远的上表面跑过的空气分子就要加快速度才行。

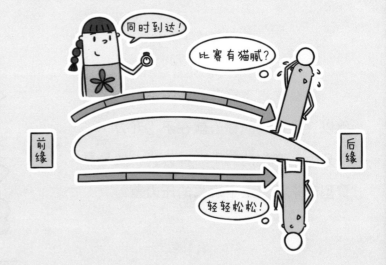

也就是说，机翼上表面空气的流动速度要大于下表面，所以上面的压强小而下面的压强大。这两者之间的差值给了翼型"往上托"的力，也就是我们经常提到的"升力"。

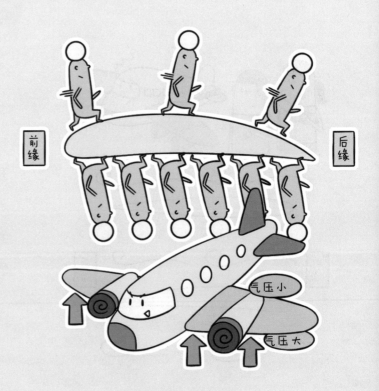

实际上，机翼表面每一个点上受到空气压力的大小都是不同的。想象翼型的每一个点上都存在着一个"微小升力"，把所有的"微小升力"汇总到一起，就是整个机翼上的升力了。

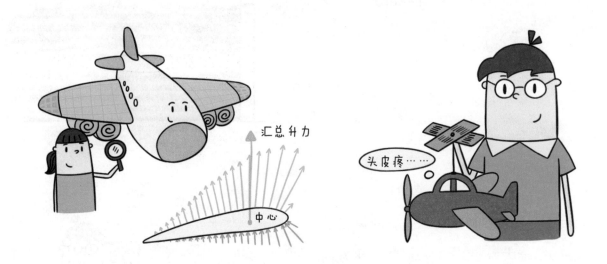

在实际的工程计算当中，为了方便，工程师往往会在翼型上找到一个"升力中心"，用这一个点上的"集中升力"代表整个机翼上的升力。

讲到这里你可能要问了：如果翼型是对称的、根本没有弯度怎么办呢？这就要靠"迎角"来产生"升力"了。当飞机抬头时飞机具有正迎角，相反，低头时为负迎角。

你观察过吗？秋天有时风比较大，一些本来已经落在地上的叶子会被重新吹起来。因为叶子并不是平整的贴在地面上，可见这种情况下叶子升力的产生靠的就是迎角。

实验室中，工程师用一缕一缕的烟雾使气流的踪迹能够显示出来。先将机翼水平放置，由于翼型是对称的，在这种情况下并没有"升力"产生。

随后工程师将机翼旋转到垂直的位置上（迎角从0°增大为+90°），此时水平方向的气流会遇到阻碍，无法继续向后方运动，只能向正下方或正上方运动，也不可能产生"升力"。

最终，工程师将迎角设定为+15°左右，让机翼倾斜面对气流。此时的气流虽然遇到了阻碍，无法水平向后方运动，但可以向斜下方运动，从而给机翼施加一股向斜上方的"升力"。

翼型和迎角是飞机"升力"的两大来源。在实际的飞行的过程中，飞机受到的"升力"是这两项共同作用的结果。

现代客机的翼尖往往不是平的，一些飞机的机翼最外侧会有一定的上翘弧度；而有些飞机则更加夸张，翼尖处会有一个接近90°的机翼弯折区，叫做"翼稍小翼"。

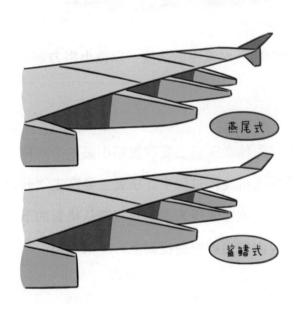

翼稍小翼的种类非常多，有燕尾式，也就是上下都有翘起的部分；有鲨鳍式，也就是仅向上翘起。

而最新的形式为融合型，即小翼部分和机翼光滑连接过渡，从外观上看不太好分辨小翼的起始位置在哪里。

翼梢小翼的设计灵感源于飞行生物与海洋生物。有一种名叫隼的鸟类在高空翱翔的时候，其翅膀最外侧会有三组羽毛以不同的角度向上翘起，以达到长时间滑翔的效果。

而鲨鱼身上的背鳍，则能在鲨鱼快速游动的过程中切断水流中的涡流，以减小阻力。

为什么飞机上要有翼梢小翼这个结构呢？飞机飞行过程中，机翼上要产生"升力"，这会使得周围的空气有从机翼的下方经由翼尖翻卷到机翼上方来的趋势。

但这种趋势会给飞机带来很大的阻力，这是设计师们所不希望发生的。所以在翼尖加装一个翘起来的小翼，便可以有效阻挡一部分翻卷上来的空气，这样飞机飞起来就能更加省油。

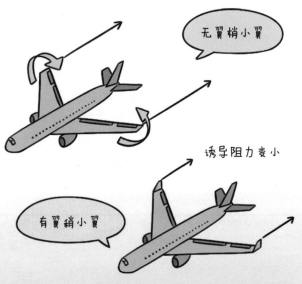

在天空中，飞机的姿态也是需要时刻进行调整的。副翼、升降舵、方向舵就分别用于控制飞机飞行的滚转运动、俯仰运动和偏航运动。

副翼位于机翼后缘靠近翼梢的位置，具有一定的形状。当飞机需要进行滚转运动的时候，副翼就会偏向特定的角度，机翼局部翼型也会相应发生改变。

副翼

为什么副翼偏转就可以让飞机的姿态发生改变呢？以右翼上的副翼为例，当副翼下偏时，相当于增加了翼型的弯度，于是右翼受到的升力增加，飞机的右侧就会被向上推。

相反，副翼上偏时相当于降低了翼型的弯度，受到的"升力"变小了，支撑不住的情况下，这一端就会"往下掉"，这便是为什么能够观察到机翼一边高一边低的现象。

刺激！

升降舵位于飞机尾部的水平尾翼的后缘，分为左右两片可以活动的板块，它和前面固定不动的安定面一起构成水平尾翼。

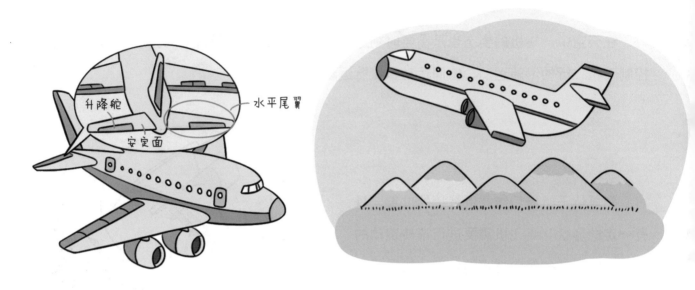

升降舵可以上下偏转，来实现飞机的俯仰运动。升降舵上偏的时候，水平尾翼的弯度减小，因此受到的升力减少，使得飞机尾部"下沉"、飞机发生"抬头"。

方向舵位于飞机尾部的垂直尾翼后缘，是一块或者两块可以活动的板块。方向舵连同其固定不动的安定面构成垂直尾翼。

当方向舵往右偏时，方向舵右侧的气流不如原先顺畅，流动速度变慢，使得右侧气压高于左侧。这时机尾向左偏移，机身也相应地发生转动，进行右转弯。

操纵系统才是指挥飞机做动作的"大脑"！

在飞行过程中，使飞机实现可操纵性的就是"飞机操纵系统"。副翼、方向舵、水平尾翼等都属于"操纵面"，它们只是指令的执行者，而真正发出指令的"大脑"则是飞行控制系统。人类通过大脑、神经控制自己的四肢，而飞机则是通过飞行控制系统控制动力及各个翼面。

离开了飞行控制系统，飞机就无法飞行。按照操纵原理，可以将飞行控制系统分为两大部分：机械传动飞行控制系统，以及电力传动飞行控制系统。

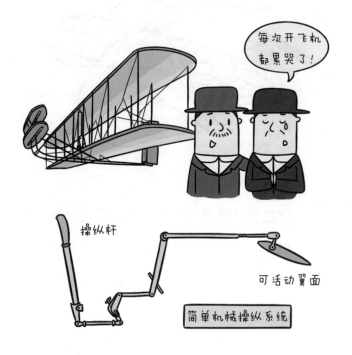

第一个登上历史舞台的飞机控制系统是机传飞控。莱特兄弟驾驶飞机飞上蓝天的时候，他们通过扳动手中的操纵杆来让操纵面发生偏转，以实现飞机的各种运动方式。而操纵杆到操纵面之间，则是由一系列的绳索、拉杆实现的机械传动过程。

早期的飞机由于尺寸较小，飞行速度较低，大多采用上述飞行控制系统。但是，这种飞行控制系统依靠的完全是飞行员的力气！这就是早期简单机传飞控的致命缺点。

随着飞机尺寸的增大、飞行速度的逐渐提升，带液压系统的机传飞控问世了。液压系统由飞机的发动机提供动力，能将飞行员的操纵力进行"放大"，进而控制操纵面。

后来，设计师们希望飞机变得更加灵活，能以较小的操纵面产生很大的气动力（空气作用在飞机表面力的总和）来改变飞机的飞行姿态，这样一来可以降低飞机自身的重量，增大飞机的载重。

但这就意味着飞机变得不易操控，传统的机传飞控传递指令的灵敏度并不能满足需求，于是电传飞控（Fly-By-Wire）诞生了。

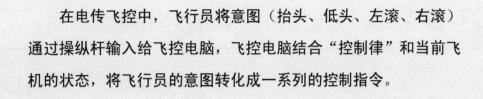

在电传飞控中，飞行员将意图（抬头、低头、左滚、右滚）通过操纵杆输入给飞控电脑，飞控电脑结合"控制律"和当前飞机的状态，将飞行员的意图转化成一系列的控制指令。

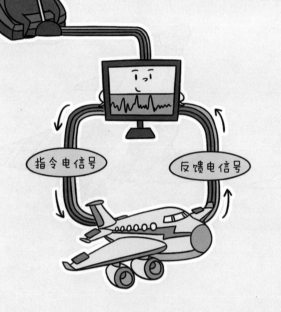

指令电信号

反馈电信号

这些指令通过电缆以电信号的形式传送到各操纵面处，操纵面按照指令进行相应的动作，再把信号反馈给飞控电脑，电脑再发布后续指令，实现整个控制过程。

相较于机传飞控，电传飞控大幅提升了飞控电脑的地位，能高质量地控制飞行；还简化了机械结构，大大减轻了飞机重量，可谓一举多得。

手动挡！

当今新一代客机和战斗机多数采用的是电传飞控。但由于电传飞控含有电子设备，它的可靠性就比不上机传飞控了，所以不少飞机还是保留了一部分机传飞控作为备份。

至此，飞行控制系统已经完成了从机械信号到电信号的跨越。当前，工程师还在研究用光信号代替电信号的办法，相信未来飞行控制系统的功能一定会更加强大。

战斗机体型虽小，控制起来难度更高！

对于不断进化的战斗机来说，一个操纵面的运动对于飞机姿态的影响是很复杂的，一个翼面在控制逻辑中往往承担着多重任务。比如三角翼构型战斗机中的副翼，就同时承担着俯仰运动和滚转运动的控制功能。

无垂尾的飞机使用分裂式多功能副翼，以弥补没有方向舵时的偏航控制。

双垂尾的战斗机有时会采用全动垂尾，而全动垂尾往往不是垂直布置的，带有一定的倾斜角度，因此它对于飞机姿态的控制就不仅仅限于偏航。

总而言之，不论飞机想要如何改变运动姿态，飞行控制系统都发挥着至关重要的作用，而战斗机飞行员使用的控制系统，其复杂程度会更高。

42

扰流板能帮助飞机在短时间内减速！

机翼上表面的后部通常一字排开很多方形扰流板，其主要用于飞机的进近与着陆阶段。在飞行过程中，扰流板立起会让迎风面积瞬间增大，机翼部分的阻力陡增，速度自然就降下来了。

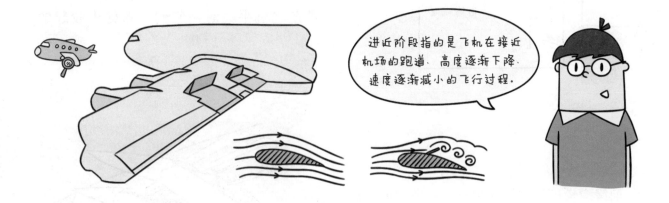

进近阶段指的是飞机在接近机场的跑道、高度逐渐下降、速度逐渐减小的飞行过程。

在进近过程中，微微打开扰流板可以在短时间内快速降低飞行的速度，这时给乘客带来的感受就是机翼的振动，并伴随着突然增大的气动噪音。

好抖！

在着陆过程中，飞机接触到跑道之后，扰流板则会以最大角度立起，帮助飞机减速。

其实，扰流板也能够改变飞机的飞行状态。如果只打开右翼上的扰流板，飞机右侧向前的飞行速度就会减小，同时右翼上的空气流动也会发生改变、升力减小，使得飞机在右拐的同时还会进行"右滚转"。

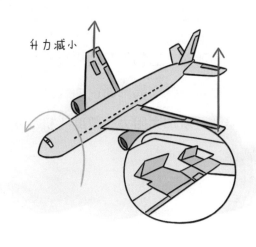

升力减小

襟翼与缝翼合称为"增升装置"，它们在飞机起降过程中扮演了至关重要的角色，但是在飞机平飞时，它们一般处于收起的状态。

前缘缝翼的种类比较单一，不使用时构成机翼光滑的前缘，使用时则向前下方推出。

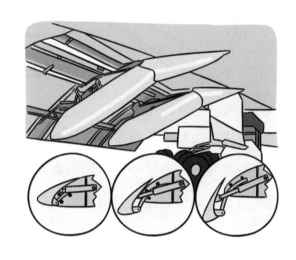

后缘襟翼则种类繁多，目前民机上使用较为广泛的是后退开缝式襟翼，这种襟翼可以分为单开缝、双开缝甚至多开缝，使用时向后下方推出。

起飞时，它们能帮助机翼产生更大升力、尽快飞离地面；而降落时，它们则可以加大阻力、帮助飞机尽快减速。

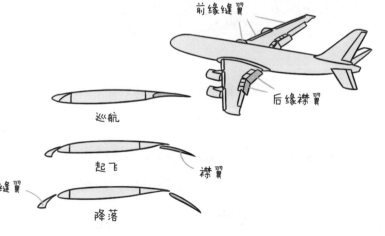

除此之外，在降落的时候打开襟翼也是出于安全的考虑——一旦着陆失败，机翼上有足够的"升力"能使得飞机再次离开地面，准备重新降落。

而对于军用飞机，尤其是新一代战斗机来说，因其具有性能绝对优异的发动机，襟缝翼的作用就显得不那么重要了。

武器挂架

民机机翼的下方普遍会悬挂发动机，而战斗机机翼下面则会悬挂导弹之类的武器，这时候就需要一种名为"挂架"的部件将机翼与其他部分相连。

不要小瞧这细长的"挂架"，它可是相当结实！但它的存在使得机翼表面上多了一个"凸起"，设计师们往往会在挂架的外面加装一个"整流罩"，以减小飞行阻力。

民用飞机机身的内部一般由驾驶舱、客舱、货舱、电子舱和起落架舱（分为前起落架舱和主起落架舱）组成。

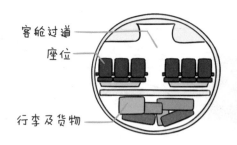

客舱过道
座位
行李及货物

把外壳打开看看吧！

驾驶舱
行李架
前起落架
头等舱
客舱
货舱
主起落架
货舱

女子进入驾驶

终身停飞

驾驶舱是飞行员们所在的区域，位于飞机的最前端，一般由一道极其牢固并设有密码的门隔开，以保证他人不影响飞行员驾驶飞机。

电子舱大多位于驾驶舱的正下方，是飞机综合控制的各种设备和线路的汇聚中心。

对于战斗机来说，因其整体体积较小，一般机身内部只有驾驶舱和内置弹舱，另有很大的一部分空间用于放置发动机。

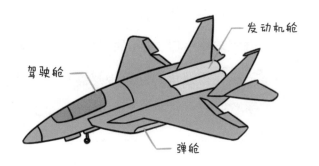

机身的外表面虽然看起来光滑平整，但实际上大大小小的气孔、阀门、盖板等非常多。

就民机而言，机身表面有许多光源，比如顶部和底部两个红色的防撞灯。尾部的白色频闪灯也是起防撞作用的。

机身表面还有许多天线，比如保证飞行通信使用的甚高频天线，外表看起来类似鲨鳍；除此之外，还有测量飞行高度的信号发射与接收装置，在外表看来只是机身上微小的一个凸起。

机身上还有许多"洞"和盖子，比如飞机的入水口和出水口、电子舱的进气与排气口、APU的引气口等；还有用于测静压的静压孔以及测量飞机飞行迎角的迎角传感器也都布置在了机身外表面。

机身外表面还有一个很重要的部件——尾橇。这个部件安装在机身尾部的正下方，呈长方形，有的型号的飞机尾橇还会配有小轮子。

尾橇可以有效减轻飞机在起飞与着陆过程中，因机头抬起的角度过高而引起的机身尾部擦地对机身结构带来的磨损与破坏。

机翼里面是空心的？里面存放了什么呢？

民航客机机翼的内部主要放置的是油箱，这样做的好处有三方面。

中间沉两边轻，撑不住啦……

一是，在飞行过程中，机翼由于受到空气的压力，多多少少会产生变形，而在机翼存放燃油，其重量能够帮助机翼不要变形得太厉害。

别慌！还来得及！

二是，机翼的位置相对独立，虽然中央油箱往往布置在机身上，但有部分燃油分散储藏在机翼位置，能够减少燃油燃烧爆炸等事故给乘客带来的安全隐患。

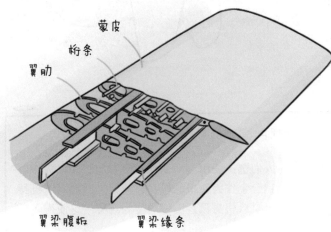

蒙皮

桁条

翼肋

翼梁腹板   翼梁缘条

三是，机翼本身的内部构造是"架构式"的，在机翼中储存燃油能够有效利用空间。

除了油箱，机翼中还布置有非常复杂的控制线路，以及和发动机相连的输油管路、安全防护装置等，可见飞机的机翼真的是"身兼数职"。

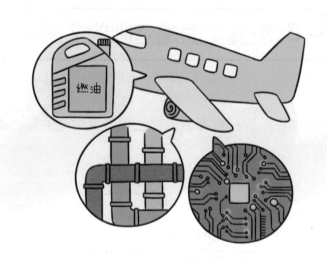

从构造上来看，机身是一个"载荷"的集中交汇区域。飞机在飞行的过程中，不论是机翼还是尾翼，都是一端固定在机身上、另外一端悬空。

可想而知，飞机各处受到的力最后都会集中在机身上，这就对机身的结构强度提出了极高的要求。

拓展阅读：机身材料的演变

　　飞机刚刚诞生时，受限于冶金工业以及制造技术水平，人们选择使用容易获取也容易加工的木头作为飞机的机身材料；随着金属材料的长足发展，人们开始使用铝合金作为飞机的机身材料，大大提高了机身的强度以及可靠性。近年来随着复合材料的发展，碳纤维复合材料机身已经由设想变为现实，这使得飞机机身的重量大幅下降，提高了飞机的经济性。

发动机是飞机的心脏！

飞行是人类由来已久的梦想，而航空发动机作为飞机的动力来源，是飞行得以实现和发展的核心要素之一。可以说，航空发动机是一架飞机的"心脏"。

除此之外，航空发动机技术指标严苛、设计难度大、生产流程复杂度高，还被称为工业界的"王冠"。

还记得莱特兄弟的"飞行者一号"吗？和很多纪录片中"顶着"螺旋桨的飞机一样，它们使用的都是"活塞式发动机"。

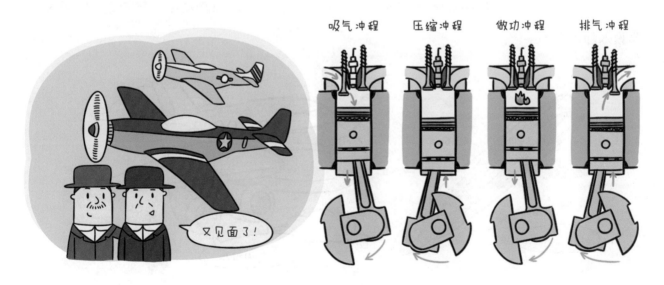

活塞式发动机的工作原理与普通的轿车发动机相同。燃料在燃烧室内燃烧使得气体膨胀，推动活塞在汽缸中往复运动，从而带动曲轴转动、实现动力输出。

但这种发动机由于其活塞往复运动的特点，天生就存在转速较低的缺陷。这也是装配活塞式发动机的飞机飞行速度普遍较低的原因。

随着时间的推移，人们逐渐认识到了活塞式发动机的局限性。要想实现更高速度飞行，发展一种全新工作原理的发动机是非常必要的，因此涡轮式航空发动机应运而生。

涡轮式发动机大家族中第一个诞生的是"涡轮喷气发动机"。涡轮式发动机燃烧室内的空气与燃料混合燃烧后会迅速膨胀，推动后部的扇叶转动，从而带动中心轴转动、不断从前部吸入新的空气。

由于不再存在往复运动的活塞，因此涡轮式发动机的转速有了大幅度的提高，能够以很小的体积产生很大的推力。

鉴于这些特点，早期的喷气式发动机主要是装备在战斗机上的。例如我国在20世纪60年代设计生产的传奇战斗机歼-6，就凭借着涡轮喷气发动机实现了超音速飞行。

1952年，装备了4台涡轮喷气发动机的英国彗星式客机投入航线运营，标志着涡轮喷气发动机正式进入民航领域。

涡轮喷气发动机巨大的推力以及不受速度约束的特性引起了人们对于更高速度的追求。20世纪70年代，名噪一时的超音速飞机"协和"投入了使用。

超音速飞行着实令人着迷，但超音速飞机骇人听闻的油耗逐渐让人们意识到，现有的科技水平还不足以实现经济的超音速飞行。

于是人们开始改进涡轮喷气发动机的结构，希望它不光飞得快，还得"便宜"——耗油率足够低。随后涡轮风扇发动机诞生了。

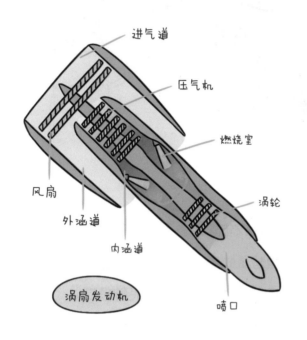

涡扇发动机

灵感又来了！

涡轮喷气发动机的前端串联了一个风扇，能够巧妙地实现油耗和速度之间的平衡，极大幅度提高了发动机的效率。现今绝大多数干线民航客机均采用涡轮风扇发动机作为动力来源。

时至今日，随着计算流体力学、材料科学和现代机械制造技术的进步，对于涡轮风扇发动机的改进，依旧是各大航空发动机制造巨头的主要研究课题之一。人类对于飞行速度以及效率的更高追求是推动航空发动机发展的主要动力。

面试

我会改进发动机……

你被录用了！

的配色。

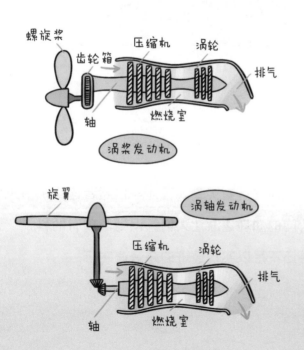

涡桨发动机

涡轴发动机

在航空领域，人们以涡轮喷气发动机为核心机，根据不同的需求创造了多种发动机，如直升机使用的涡轮轴发动机（涡轴发动机）、低速客机使用的涡桨发动机等。除此之外，涡轮喷气发动机在其他领域也大有用武之地，比如船用燃气轮机、坦克用燃气轮机，以及发电厂内的用于发电的蒸汽轮机等。

在现代客机上，发动机除了"推着"飞机跑以外，其实还有很多别的功能。作为现代客机的"心脏"，发动机参与了飞行、发电、液压、引气与减速等几乎每一项工作。

一是发电。在现代客机中，从飞行控制系统到飞机操纵系统到空调系统再到乘客娱乐系统都离不开电，而发动机是现代客机上电力的根本来源。

二是液压。在飞机飞行过程中，飞行员需要控制扰流板、襟翼、副翼等部件的打开和收起。早期的飞机体积较小，通过简单的连杆绳索滑轮等机构就能实现。

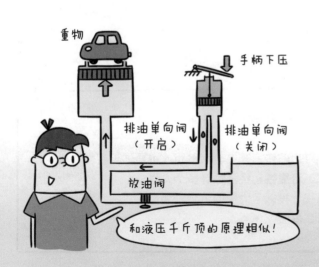

但是，随着飞机体积的增大、重量的提升，单凭飞行员的力气不足以操纵飞机，液压操纵系统就派上了用场。液压装置能够将飞行员输入的力放大，从而实现对飞机的操纵。

一部分飞机直接以发动机的转速与扭矩作为液压泵的动力来源，所以说液压系统的工作也是依赖于发动机的。

三是引气。引气的主要目的是为客舱增压。外界的空气经过处理后会被引入客舱内，而后进入到涡轮风扇发动机后，参加燃烧过程。这一切都是由发动机的"引气"功能实现的。

四是减速功能。在飞机触地后的着陆阶段，发动机通过特殊的装置，将本应该向后方喷射的气流改为向前喷出，这样就实现了减速。

拓展阅读：我国在航空发动机领域的研发水平

遗憾的是，我国在航空发动机领域与世界先进水平之间依旧存在较大差距，主要体现在发动机的振动水平以及由此衍生出的发动机性能、寿命、效率、可靠性、经济性等多个方面。

但是，近年来国家对于航空发动机领域越来越重视、投入了大量的资金，大量人才不断涌现。相信在可见的未来，我国的航空发动机领域能够得到长足发展。

飞机"长脚"只是为了站在地上吗？

起落架顾名思义就是帮助飞机起飞和降落的装置，它是飞机在地面能够运动的关键。起落架的存在使得飞机在地面的运行变得灵活轻便。

起落架在飞机上的位置排布从最开始就是固定不变的吗？其实，它的设计也经历了发展和变化。首先出现在历史舞台上的是"后三点式起落架"。

这是因为，早期的飞机使用的是活塞螺旋桨发动机，而它一般位于机身的最前端，螺旋桨通常半径很大。如果不能保证机首的离地高度，很容易发生螺旋桨擦地事故。

但是后三点式起落架布局形式也有着十分突出的缺陷。由于飞机仰面朝天，起飞滑跑过程中飞行员的视野中前方的跑道和地面就会被前方昂起的机头阻挡。

与此同时，这种设计使得飞机落地操作变得很有难度。飞机落地时，靠近前方的两个主轮先接地，如果飞行员操纵不当，飞机很容易就会"倒栽葱"。

随着飞机体积的不断增大和涡轮发动机的问世，飞机起飞着陆时的速度都有所提升。这时，性能更优越的"前三点起落架"诞生了。

这是目前使用最为广泛的起落架布局形式。与"后三点"相比，"前三点"具有非常多的优点，但它也存在着先天的缺陷——前轮容易发生"摆振现象"。

什么是摆振现象呢？

在生活中，如果三轮车速度比较快，前轮会发生左右高速摆动、失去稳定性。但是通过增加阻尼（让前轮的转向受到很大的阻力），就能减缓甚至避免这种现象。

与此同时，起落架的大家族除了轮式之外还有其他形式，比如直升机用的起落橇、水上飞机用的浮筒式起落架等。

你知道吗？除了在飞机落地时支撑机身、实现地面滑行的作用以外，起落架还承担着减速、减震等很多重要作用。

一是减速，轮式起落架的减速原理和普通的汽车、自行车一样，都是通过摩擦的方式实现减速。但飞机落地的时候速度非常快，对刹车系统的要求也就更高。

好好复习！

在减速的过程中，刹车系统的温度经过摩擦会急剧升高，如果性能不过关甚至会引发火灾！所以，每一个型号的飞机都要经历"中断起飞"这一考验刹车系统的测试。

在这个测试中，飞机会先在地面上加速到起飞速度，之后必须不靠扰流板和发动机的减速功能，只靠起落架的刹车装置使飞机安全停下来才算过关。

二是减震。汽车、自行车的轮胎也需要减震，但主要是为了提高舒适性，而飞机起落架的减震功能还要在着陆过程中保护飞机的构件。

我们坐飞机时，在着陆一瞬间会感受到一股冲击，如果没有起落架的减震系统帮助"吸收"一部分能量，这冲击很有可能会把飞机"蹲"坏！

如何才能帮飞机省油？减小阻力是一招！

虽然在减速过程中工程师要想办法让飞机自己"制造"阻力，但是在飞行过程中，为了减小油耗，空气阻力却是工程师极力想要避免的。

首先，机身的重量越轻越好，带来的阻力越小就越好。

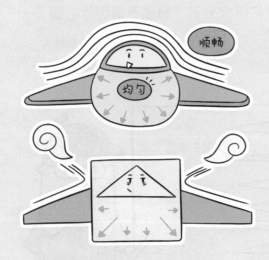

一般客机的机身体积都很庞大，从飞机的正前方看是一个截面类似圆形的桶状结构。这种结构对于承受机身内部的气压最为有利，另外也能减小飞行过程中飞机受到的空气阻力。

其次，为了让飞机飞得更快、载货量更大，除了给飞机配备性能更加优良的发动机之外，设计师们也在想尽办法减小机翼上产生的阻力。

工程师们发现将原先平直的机翼改为向斜后方安装，可以有效减小高速飞行状态下的阻力。这便有了如今我们所常见的民航客机的"后掠翼"。

而对于战斗机来说，对飞行速度、性能的更高要求，使得后掠翼、三角翼、梯形翼等多种构型应运而生，这与最早的"平直翼"构型相比是巨大的进步。

在翼型方面，随着客机的速度越来越快，设计师们又研究出了"超临界翼型"，这是一种新式翼型，专门针对高速飞行时的减阻而设计。

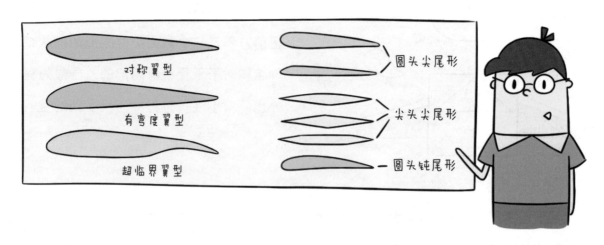

对于战斗机，则新设计出了超薄的菱形翼型以适应超音速飞行。

长得真奇怪！

而对于最新一代战斗机和客机，设计师们提出了一种名为"翼身融合"的思想——将机身与机翼融合在一起，这样机身的装载能力能够得到大幅提升，同时阻力也会变小。

拓展阅读："生不逢时"的先进技术

　　1987年，空中客车公司决定研发新机型A340。在发动机选型过程中，IAE公司创造性地提出了将减速齿轮应用到涡扇发动机涡扇端的"超级风扇"构想，CFM公司则是基于一型已十分成熟的发动机进行改进后参与竞标。由于IAE公司的"超级风扇"标称的技术指标远超CFM公司的传统方案，IAE公司得以中标。但在研发过程中，减速齿轮的可靠性一直不满足要求，这使得发动机研发进度迟缓，甚至一度使整个A340项目被取消。关键时刻，空中客车公司转向了提供传统技术方案的CFM公司，最终CFM公司提供的发动机改进方案使得整个A340项目顺利进行。至此你可能会觉得，这对于提出先进构想的IAE公司来说是一个悲伤的故事。然而数十年间，IAE公司从未忘记"超级风扇"的构想，并攻克了一个又一个技术难关。如今，在三分之一的A320-NEO型飞机上，沿袭了"超级风扇"设想的新型发动机PW1100G-JM已经成为了可靠的心脏，而这种发动机的过人之处就是曾经IAE公司自身难以逾越的技术鸿沟——减速齿轮。

　　与此同理，十数年前的超音速客机"协和"的退出，并不完全否定了超音速这种发展方向，只是"协和"采用的先进技术在当时尚不完全稳定，同时其自身也存在一定的性能缺陷，这些共同导致了"协和"的谢幕。但是"协和"承担商业载客运营任务的16年也给予了人们启示：假设航空发动机技术发展到了一定水平，能够较为经济地提供超音速飞行需要的强大推力，或者人们研制出了可以在低速、亚声速、超声速范围内都非常可靠高效的发动机，对于未来的"协和"，我们为什么要说不呢？

伯努利其人

丹尼尔·伯努利是瑞士18世纪著名的伯努利家族中最杰出的科学家之一。他学习和研究的方向非常广泛，包括数学、力学、物理学、医学，等等。1726年，年仅26岁的伯努利提出了流体界著名的"伯努利方程"，但是在提出之初并未受到过多的关注。直到20世纪初，两艘船在大海上并行时发生了相撞，人们才意识到伯努利方程就是这次事件背后的物理原理。1738年，伯努利完成了著作《流体动力学》，奠定了相关领域的基础，被称为"流体力学之父"。

机翼与翼型

翼型与机翼的区别是什么呢？机翼指的是一种三维空间下有一定长度的飞机构件；而翼型指的则是机翼的截面形状，也可以用来指一种假想出来的三维空间里无限长度的机翼。流过二维翼型的空气会比三维下的流过机翼的空气在形式上更简单、有规律一些，因此设计师们大多会先从翼型入手进行一些实验研究，而后才会过渡到真正的机翼。

上下浮动的副翼

在飞行过程中，尤其是遇到乱流、飞机颠簸的时候，我们可以看到副翼自由地上下浮动。这是由于飞机在飞行时，如果不使用副翼，它就不会被固定在某个位置上，因此遇到气流时，副翼会随着气流流动的方向发生轻微的浮动。

尾翼的水平安定面

其实，现代民用客机尾翼的水平安定面其实也是活动的，不过它起到的是飞行的"配平作用"，一旦调节到配平位置，也就不再变化了。因为它是以固定的位置来工作，所以仍然可以称作"安定面"。

想一想，如何才能让飞机发生"低头"呢？其实，这个过程的原理和"抬头"的原理恰好相反，只要让升降舵向下偏就可以做到了！

为什么有些飞机尾翼上的方向舵要分成两块？

对于大部分民用飞机而言，方向舵一般是一整块可以活动的板块，但对于某些大型客机（如波音747和空客380）而言，飞机自身重量较大、不易控制，为保证方向舵的可靠性，一般将方向舵设计为上下两片可以活动的板块。

2002年10月9日，由底特律国际机场起飞前往东京成田国际机场的美国西北航空85号班机在跨越大洋的飞行过程中突发机械故障：控制下部垂尾的机械系统发生卡死，这导致飞机姿态几近失控。但由于该型飞机（波音747）采用垂尾分块设计，上部垂尾尚能正常使用，飞行员就将上部分垂尾反向偏转到极限位置，以抵消卡死的下部垂尾的气动力。最终飞机安全着陆，除飞行员体力几乎耗尽、多次腿部抽筋以外，无人受伤。

可靠的机传飞控

凭借着其良好的可靠性，带有液压系统的机传飞控在相当长的一段时间中都是飞行控制系统的首选。时至今日，绝大多数飞机上依旧选用带有液压系统的机传飞控，即使是在采取电传飞控的飞机上，大多也将带有液压系统的机传飞控作为备份。

为什么不用扰流板控制飞行姿态？

值得注意的是，使用扰流板进行姿态控制对于机翼上的流动影响较大，往往还会带来飞机的侧滑运动（类似于汽车漂移那样"横着走"），因此一般情况下不使用扰流板进行操纵，或者扰流板仅仅起到辅助作用。

迎角传感器失灵导致的飞行事故

2018年10月29日印尼狮航一架波音737-MAX8型客机以及2019年3月10日埃塞俄比亚航空一架波音737-MAX8型客机，机上迎角传感器失灵导致了灾难性的事故。在飞行过程中，传感器将错误的飞机姿态信息报告给了飞控电脑；而飞控电脑的控制律又存在着设计缺陷，未能及时识别错误的姿态信息，将错误的信息"信以为真"，又向各个控制面下达了错误的操纵指令，最终导致飞机俯仰姿态失控、机毁人亡的惨剧。

 ## 什么是"载荷"？

"载荷"的概念与"力"的概念是类似的，可以理解成飞机的一种"负担"。载荷这个概念的创立就是为了描述飞机结构的负载。

 ## 活塞式发动机的转速

为什么传统的活塞式发动机无法达到很高的速度？这是由于活塞一直处于上下往复运动，也就意味着活塞在运动过程中至少在两个点位置处（上止点和下止点，可以理解为最高点和最低点）的时候，运动方向会发生变化。受制于惯性作用，活塞的这种往复运动存在一个极限，这个极限限制了由活塞驱动的曲轴的转速，也就是发动机的转速。

"超音速"有多快？

以北京到美国洛杉矶的距离为例，目前直达的飞机大约要飞行12个小时，而假如由超音速飞机"协和"执飞，8小时以内就能抵达。

 ## 电动液压操纵系统

如今有一部分客机已经采用了电动液压泵，即通过发动机提供电力，驱动液压装置工作。

"发动机的振动水平"是什么？

振动控制是一门独立的学科。任何物体都有仅由其自身固有性质决定的固有频率（也可以叫"自然频率"），当外界的干扰与物体的固有频率相同时，就会发生共振现象。共振现象破坏力极强，偌大的大桥会因为共振轰然倒塌。航空发动机零件众多，运动构件众多，如何使更少的构件处在共振状态，是提高发动机可靠性耐久性的一个重要课题。

 ## 认识"自行车式"起落架

轮式起落架的布局形式除了前后三点式外还有自行车式，但它的应用范围较窄，一般用于机身较为狭长的飞机上，比如美国U-2侦察机。这类飞机需要在高空长时间飞行，因此为了降低阻力、尽可能减少能耗就会选用狭长的机身，因为容纳不下三点式起落架，只好选用自行车式起落架。

自行车式起落架由前轮后轮以及辅助轮组成。前轮与后轮呈直线布置，辅助轮布置在前后轮连线两侧，提供侧向稳定。然而自行车式起落架增加的重量会降低飞机的航程，因此U-2飞机的辅助轮在起飞后会被直接抛弃。这样使得着陆过程变得极其困难，在起飞和着陆过程中只能靠车辆陪跑以辅助飞行员。

"翼身融合"的应用进展

"翼身融合"设想已经在最新一代的战斗机上得到了使用，但是还没有一款成型的客机能够让人们清楚地看到翼身融合思想的真实体现。

空中物理课堂

　　想要研发出一款能飞上蓝天的飞机，必须要掌握充足的物理学、工程学以及电子信息等学科的相关知识！飞机在空中巡航时都会受到哪些力的作用？如何衡量飞机飞得"稳不稳"？快来从最基础的力学知识角度认识一下飞机吧！

　　当然，由于在高空中飞行的飞机所处的气候环境和地面附近有很大的不同，飞行器设计师也需要考虑各种各样的环境因素。气压是如何随着海拔变化的？气压的大小、空气的湿度等因素又是如何影响飞行安全的？什么样的天气现象会使航班延误？读完这一部分之后，你不仅能学会用趣味小实验解释飞机飞行过程中的物理现象，还能对飞行器设计有更加深入的了解！

　　"力的平衡"在我们的生活中随处可见。比如挂在树上一动不动的苹果，既没有上升下落也没有左右乱晃，我们就可以称这个苹果处在一个平衡状态。

　　但是一旦这个苹果从树上掉了下来，就失去了树枝的拉力，开始自由落体。它在掉落到牛顿头上之前速度不断增大，没有处在一个平衡状态中。

　　地球上的万事万物由于受到万有引力的作用，随时随地都有被"吸"回地面的倾向，这就是"重力"的体现。想要让一个物体处于平衡状态，至少要有一个向上支撑才行。

在平直的公路上行驶的汽车因为受到地面的支撑，竖直方向是平衡的。那么在水平方向上呢？如果驾驶员松开油门，汽车就会因为受到马路表面和空气的阻力慢慢停下来。

如果想让汽车以大小和方向都不变的速度向前行驶，就要给它提供和阻力一样大的动力。对于汽车来说，这个动力就来自于发动机，此时水平方向上就也达到了平衡。

对于飞机来说，除了起飞和着陆阶段，飞机在巡航过程中大多飞行得十分平稳（速度基本保持不变）。忽略偶尔的颠簸，飞机大体上处于平衡状态。

事实上，工程师们把研究这些问题的学科称为"飞行力学"，在这门学科中，人们会以空气动力学为基础分析飞行器的受力，并研究飞行器的运动规律。

飞机和杆秤其实有着相似之处？

当飞机的运动状态发生变化时，"升力"也会随之变化。由于飞机是一个形状不规则的物体，我们可以从"杠杆原理"的角度重新认识飞机的受力。

古希腊物理学家阿基米德曾说过："给我一个支点，我能撬动整个地球。"阿基米德并不是在炫耀自己的气力大，而是想要说明"杠杆原理"。

杠杆在我们生活中可以说无处不在。对于一个"杠杆"而言，当施加在上面的力的大小和方向都确定了之后，这些力要和支点保持一定的距离，才能让杆达到平衡、不来回转动。

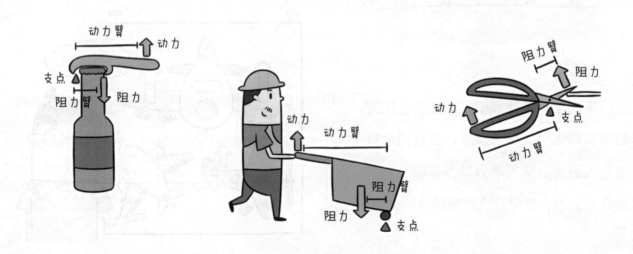

我国劳动人民的智慧精华——杆秤，也是利用了杠杆原理来测量物体的重量。

杆秤上悬挂要测量物体的位置、人手提着杆的位置和秤砣的重量是始终不变的。要测量的物体越重，秤砣就要越远离手提点才能让杆平衡，对应的刻度数也就越大。

如果在杆的两侧再多挂一些重量不等的物体呢？想要让杆再次平衡，你需要调整手提点的位置，才能让杆再次达到平衡。这时，如果将杆自身和上面挂的所有物体视为一个整体，此时的手提点位置其实就是这个整体的重心。

类似地，飞机上的各个部件、托运的行李和乘客、存储的燃油等都会增加飞机的重量，相应地也会影响飞机重心的位置。

动手做一做：

对于一切不规则的物体来说，工程师在分析它们的时候，都会把重力都集中在一个"重心"上来考虑。你可以做一个小实验：

剪两块形状不同的纸板，一张是用圆规画出的圆形，另一张则是不规则的形状（你也可以画一个飞机的图案）。现在，你需要用一根笔把这两块纸板分别平稳地顶起来。

对于正圆形的纸板，你很容易就能想到只要把笔尖顶在圆的正中间就好了。但是这个不规则的形状要怎么办呢？你可以试着用"悬挂法"找到它的重心。

按图示的方法描出两条线后，它们的交点就是这个不规则纸板的重心。用笔尖顶住这个交点，你是不是很容易就能把纸板立住了？

想要找到飞机的重心，你当然可以尝试用一支笔把飞机顶起来，当你找到那个能让飞机不来回乱晃的位置时，重心的位置也就确定了。

看我15米的大铅笔！

我也来帮忙！

说起来容易，实现起来实在是太难了，毕竟没有哪个人力气大到能单手举飞机啊！所以工程师通常会使用第二种方法，也就是通过数学计算找到重心。

拓展阅读：飞行汽车

上世纪40年代，由于二战的爆发，各军事大国的航空技术有了质的提升。与此同时，二战摩托化的战争模式反映出当时车辆工程的水平也已发展到了一定的高度。在此背景下，美国人亨利·福特（现美国Ford汽车公司创始人）在二战后提出了"飞行汽车"的概念。飞行汽车既可以理解为能够飞行的"汽车"，也可以理解为能够长期在地面行驶的"飞机"。从结构上看，实现地面行驶功能的关键在于底盘——有了轮子和轴，车才能跑起来；实现飞行功能的关键在于翼面——有了机翼带来的升力，飞机才能飞起来。对于飞行汽车而言，想要兼具两种功能，结构上二者缺一不可。

早期的飞行汽车就是简单地给汽车加上机翼系统和飞行动力系统，再配套相应的控制系统。这样虽然能够同时实现飞行与行驶功能，但弊端也十分明显——经济性差、复杂度高。对于早期的飞行汽车而言，飞行和地面行驶这两种功能完全割裂，用于实现飞行功能的机翼和动力装置在地面行驶过程中不发挥作用；相应地，实现行驶功能的动力装置在飞行过程中也不发挥作用。也就是说，无论是在行驶过程中还是在飞行过程中，整个汽车都有很大的一部分是"累赘"。

然而近年来，随着技术的进步，尤其是电力新能源的快速发展，上述矛盾可以得到一定程度的解决。电池、电动机的使用意味着飞行动力系统以及行驶动力系统可以实现整合——二者可以共用电池组。同时，电池与动力电机之间只需要使用电缆进行连接，而无需像燃油动力需要各种油路管线，这样就降低了整套系统的复杂程度，提高了经济效益。

如今，新能源汽车已经十分普遍，各大厂商近年来也在研发小型的电动飞机，比如空客公司就曾于近年推出过电动飞机概念机。让我们期待未来飞行汽车能够走入寻常百姓家。

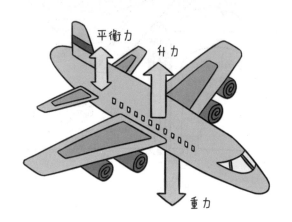

飞机受到的重力、"升力"和水平尾翼上的平衡力始终是处在一个"动态平衡"当中的。重心的位置和"升力中心"的位置决定着飞机是否是"静稳定"的。

静稳定性是衡量飞机飞得好不好的重要的指标。静稳定性到底是什么意思呢？我们先从生活中一个常见的玩具——不倒翁说起。

对于一个正常的"头轻脚重"的不倒翁来说，如果你用手推它一下，它就会来回摆动、而且幅度逐渐减小，最终回到最开始的站立位置。

如果把这个不倒翁倒过来呢？即使它能够立住，由于它是"头重脚轻"的，只要你一推，它一定会加速离开原本的位置，并且在倒下后不会自动回到最开始的站立位置。

以此类推，想象一个刚好"头脚一样重"的不倒翁。如果你把它推到某个特定的位置，会发现不倒翁能够保持、既不会回到初始位置也不会继续远离初始位置。

对于这三个不倒翁来说，"能不能自动回到原来的位置"就是一个考察指标。对于飞机来说，同样有"静稳定""静不稳定"以及"中立静稳定"之说。

飞机的"纵向静稳定性"说的就是飞机在飞机的姿态发生改变后，能不能很好地自己回到原来的状态。毕竟你肯定不希望飞机在进行俯仰动作的时候突然就大头朝下或者仰面朝天！

决定飞机是否具备静稳定性的关键因素就是重心和"升力中心"的相对位置关系。

一、如果飞机的重心在升力中心之前：

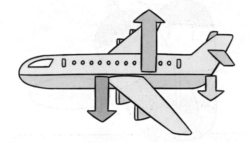

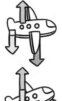 飞机的迎角突然增大

 向上的"升力"大幅增大
水平尾翼向下的平衡力小幅减小

 飞机产生一个"低头"的倾向
飞机的迎角减小

 飞机回到初始的状态

 飞机的迎角突然减小

 向上的"升力"大幅减小
水平尾翼向下的平衡力小幅增大

 飞机产生一个"抬头"的倾向
飞机的迎角增大

 飞机回到初始的状态

 由此可见，当飞机的重心在"升力中心"之前时，无论是迎角突然增大还是突然减小，飞机是具备自行回到初始状态的能力的，也就是说这样的飞机是静稳定的。

二、如果飞机的重心在升力中心之后：

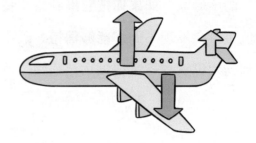

 飞机的迎角突然增大

 向上的"升力"大幅增大
水平尾翼向上的平衡力小幅减小

 飞机产生一个"抬头"的倾向
飞机的迎角继续增大

 飞机难以回到初始的状态

 飞机的迎角突然减小

 向上的"升力"大幅减小
水平尾翼向上的平衡力小幅增大

 飞机产生一个"低头"的倾向
飞机的迎角继续减小

飞机难以回到初始的状态

 由此可见，当飞机的重心在"升力中心"之后时，无论是迎角突然增大还是突然减小，飞机不具备自行回到初始状态的能力，也就是说这样的飞机是静不稳定的。

可见，静稳定的飞机相对"听话"、比较好操控，而静不稳定的飞机很"闹腾"、较难操控。

得益于当代计算机技术以及传感器技术的快速发展，无论是静稳定还是静不稳定的飞机，操纵系统都能够轻松驾驭了。操纵系统可以不断地接收飞机的姿态反馈信息，再结合飞行员的意图发送控制指令，使静不稳定的飞机也能在飞行员的掌控之下。这对提高飞机机动性、降低飞机重量有着很大的帮助，同时也对飞控系统尤其是飞控计算机以及控制律提出了很高的要求。

但是，飞机的静稳定性依旧具有极高的重要性，需要在设计之初就确定下来。

拓展阅读：未来民航的发展方向之仿生技术

随着社会经济的进步以及民众生活水平的提高，民航出行在未来将更加平民化，也就是说机票会变得越来越廉价。这种趋势对固定翼民机的高效性、安全性、经济性、环保性、舒适性持续提出了更高要求，因此研究人员致力于开发更经济可靠的发动机、更高效的气动设计、更优化的结构、性能更优的材料等。

大自然是最好的老师。对于航空器设计而言，大自然也给予了人类很多启发。前文讲到过的翼梢小翼，其降低阻力的原理就源于隼滑翔时羽翼充分伸展开的现象。在航空领域，此类由"仿生"带来的技术进步还有很多。比如参照蝙蝠设计的雷达——人们发现蝙蝠在夜里也能够飞行和捕食依靠的并不是眼睛，而是靠嘴和耳的配合来感知环境。蝙蝠用嘴发出的超声波接触到障碍物会反射回来，蝙蝠便可以用双耳接受信号从而确定方位。人们据此研发出了让飞机能够全天候飞行的雷达。

再比如参照鲨鱼皮设计的飞机涂料——人们发现鲨鱼能够在大海中畅快地遨游，除了依靠强健的肌肉外，其特殊的皮肤也起到了关键性作用。鲨鱼的皮肤表面疏水，这种特性能够大幅降低其游动过程中受到水的摩擦阻力。人们据此设计了航空涂料，以降低飞机飞行过程中受到空气的摩擦阻力，进而提高经济性。

还比如参照蜻蜓翅膀设计的振动控制装备——人们发现蜻蜓翅膀末端前沿有一块加厚的深色角质层或色素斑，这使得蜻蜓纤长的翅膀在飞行过程中高频振颤时不易被破坏。据此，人们发现可以通过添加配重的方法实现对振动的控制。由此可见，在未来航空领域的发展一定少不了仿生。

飞机在多高的海拔飞行？

从地面算起一直到两、三千公里开外，这一大片区域都属于"大气层"。大气中充满了空气，其中包含我们赖以生存的氧气。

然而在大气中，氧气不是均匀分布的。由于地球的引力，越高的地方空气越稀薄。

除此之外，温度也会随着高度的变化而变化。泰山的山顶和山脚就像是两种季节，因此即使是在炎热的夏天，人们爬到山顶时也要穿着厚厚的棉衣。

而海拔近8000多米的珠峰更是如此。电影、纪录片中勇攀珠峰的登山队员们到了最后登顶冲刺阶段，都是背着氧气瓶、穿着防寒衣、戴着厚手套的。

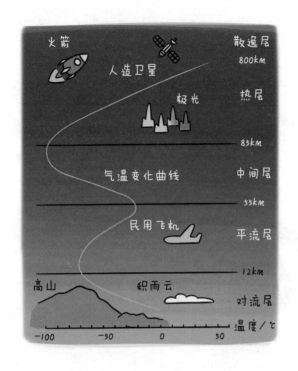

为了方便归纳特点与总结规律，人们将大气按高度划分为了五层。其中，对流层是我们人类活动的主要区域，这里的温度随高度的增加而降低，氧气含量亦是如此。

除此之外，对流层还有多种多样的天气和活跃的空气流动。

平流层中的现象则显得有些奇怪：温度先是几乎不随高度变化，而后迅速随高度升高。

这里的空气流动并不活跃，也没有多变的天气，是飞机平稳飞行时最为理想的高度区域。

这也是为什么飞机几乎只在起飞和降落阶段遇到颠簸（需要乘客们系好安全带），而在中间的时段却能平稳飞行。

当人们知道了大气随高度变化的规律后，立刻就想到可以把它应用在获得飞机飞行高度数据上。人们将各高度上的温度、压强和密度整理在一起，得到了"大气参数表"。

基于这个规律，航空仪表中的高度计诞生了，它依靠气压与高度的变化关系，为飞行员提供飞机飞行高度的信息，它与我们的飞行安全息息相关。

随着飞机的性能越来越好，能飞到的高度越来越高，工程师们逐渐意识到了两个要命的问题：飞机飞行高度较高时，乘客可能会缺氧，也有可能会感到寒冷。于是增压客舱与控温客舱诞生了。

这种飞机在地面的时候是不增压的，等到飞到一定高度后开始增压，以保证乘客及飞行员的正常呼吸。

民航史上最早的增压飞机当属英国的"彗星"号客机。当"彗星"客机的增压功能刚刚问世时，许多人都慕名去体验，一致赞赏。

然而好景不长，几架"彗星"客机先后发生空中解体的灾难性事故。一时间人心惶惶，"彗星"号客机的安全性受到了极大质疑。

调查人员发现，飞机每次起落客舱都要经历加压、泄压的过程，这种反反复复、实时变化的载荷，会使金属材料容易出现疲劳现象，但当年人们对此了解不多，以至于在设计之初没有将其考虑在内，直接导致了英国"彗星"号飞机的空中解体事故。

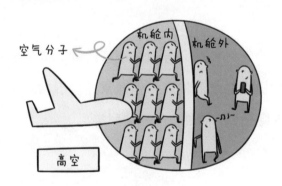
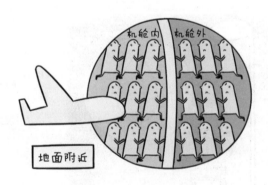

后来，为了解决这一问题，设计师们对飞机结构进行了调整，从此增压导致的灾难性解体事故就再也没有重现过了。

对于在飞机上如何不感到寒冷这个问题，设计者们想到的策略很简单：开空调。飞到高空中后，机外温度零下几十度，飞机就会打开空调制热。

大雾天气为什么会造成航班延误？

今天转个啥好呢~

大气的状态不是一成不变的，生活中不仅仅只有晴天，还有刮风、下雨、雷电等天气情况。这些不同的"天气"也是大气环境中的一部分。

如果你经常坐飞机，应该多多少少经历过延误。延误有时是天气原因造成的，其中大雾就是一种常见的情况。

为什么大雾会导致航班延误呢？雾主要是由尺寸极小的水滴构成，但通常还会混有粉尘、可吸入颗粒物（PM2.5、PM10）等。

雾给人们的最直观的感受就是"看不清"。在航空领域，一般用"能见度"来衡量"看得清"与"看不清"，用能够看见的距离作为指标。

《民用航空机场运行最低标准制定与实施准则》中对于能见度有明确的规定，各个航空公司为了保证安全，又会针对能见度制定更为严格的标准。当能见度低于规定值时，飞机就不能起飞了。

为什么能见度对飞行有着这么大的影响呢？起飞阶段，飞机的速度能达到200-250km/h甚至更高，也就是55-70m/s甚至更高。

这就意味着，飞机在1s的时间内会移动数十米。如果没有良好能见度的保证，飞行员就无法对前方出现的情况做出及时的反应，极易引发危险！

而着陆阶段对于能见度有着更高的要求。除了速度这个因素之外，着陆过程中飞行员需要参照窗外的地面来直观判断飞机的飞行状态、感知飞机的飞行。

如果飞行员在着陆过程中失去了参考，就意味着飞行员难以判定飞机正在以何种姿态、何种速度、朝哪个方向飞行，宛如盲人骑瞎马，怎能安全、平稳、准确地落在跑道上呢？

飞机害怕"遭雷劈"吗？

除了雾之外，雷雨天气也是导致飞机延误的"罪魁祸首"之一。你可能会以为雷是主要原因，但事实上，"静电屏蔽"现象让飞机毫不畏惧"雷劈"。

另外，雨对飞机的影响也不大。航空发动机在设计时，就有专门的装置用来排除雨水的影响，这样飞机就能轻松抵抗住远超现实可能发生的大雨而不熄火。

那么，既不是因为雷也不是因为雨，到底是因为什么呢？其实雷雨天气真正影响飞机飞行的因素，是雷雨天气中伴随的"妖风"。

飞机是具备一定抗风能力的，当飞机在飞行时，并不会被风轻易"吹翻"，也就是说风并不会对飞机巡航带来毁灭性的影响。

但是在起飞和着陆阶段，如果遇到向下吹的风，就是一件十分严重的事情了：向下吹的风会将飞机猛地"拍"向地面，而此时飞机和地面之间并没有足够的距离，这就是危险所在。

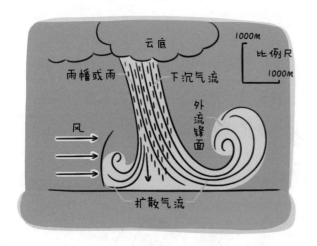

航空领域将较强的向下吹的风称为"风切变"以及"下击暴流"。这两种气象在雷雨天气中比较常见，因此飞机在雷雨天气中起降是极为危险的。

为了保证安全，遇到雷雨天气时飞行员会避免起飞与着陆，也就造成了延误。

为什么要给飞机建"坟场"？

世界上的自然环境是多种多样的。有撒哈拉的高温酷暑飞沙漫天，也有西伯利亚的冷酷严寒狂风暴雪；有赤道地区的潮湿闷热，也有内陆地区的干燥舒爽。

温度、湿度、空气中的成分均因地点的不同而千差万别。这样巨大的差异也会影响到飞机的飞行。其中，腐蚀是主要因素之一。

比起腐蚀，你可能对生锈感到更加熟悉。作为腐蚀的一种形式，生锈现象在我们生活中随处可见。比如"生了锈的东西不结实"。

当腐蚀现象发生时，被腐蚀的物体强度就会降低，如同骨质疏松的骨骼一样。腐蚀会影响整个飞机的状态，甚至带来灾难性的后果。

腐蚀就与温度、湿度及空气中成分息息相关：潮湿、空气中盐碱含量高的地区易发生腐蚀，而干燥、空气中盐碱含量低的地区则不易发生腐蚀。

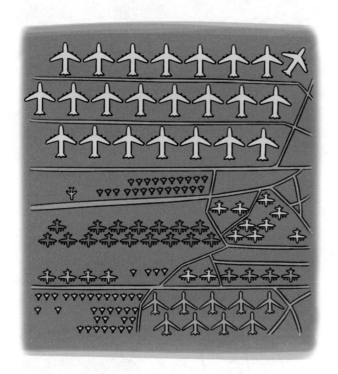

人们会根据腐蚀的规律，选择一些特殊的地点用以存放暂时不用的飞机。美国人选择在亚利桑那州一个沙漠中建立"飞机坟场"，在那里有大量处于封存状态的飞机。得益于当地适宜的环境，这些飞机的腐蚀速率很低。当有需求时，这些飞机能在很短时间内恢复飞行能力。

出于同样的原因，2020年初波音737 MAX系列出现安全问题导致停飞期间，很多航空公司选择将这些飞机由沿海机场调整至内陆机场存放。

1982年6月24日，大英航空的BA009航班执飞英国伦敦-新西兰奥克兰航线，途中经停印度孟买、金迈、马来西亚吉隆坡以及澳大利亚珀斯、墨尔本。

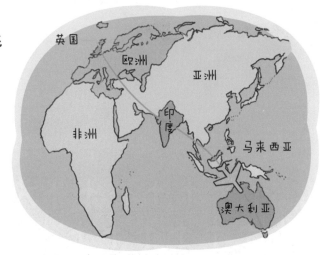

这趟航班会经过印度尼西亚的上空，而不巧的是这附近有很多活火山，飞机一不留神就进入了一片火山灰云团中。

其中的高温火山灰物质被吸入发动机，直接导致了发动机的"罢工"。幸运的是，最终发动机又被飞行员重新启动了，无人伤亡。

相比之下，另一架飞机就相当不幸了。1996年2月6日，伯根航空301航班执飞多米尼加圣多明哥-加勒比海航线时，在飞机起飞不久后仪表就出现了一系列奇怪的现象。

之后飞机突然向左倾斜，随后坠入海中，无人生还。事后调查人员发现，导致仪表故障并且让飞机失去控制的"罪魁祸首"是当地胡蜂筑在空速管里的巢。

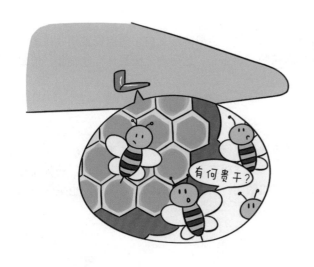

筑巢用的泥土堵住了空速管，使之无法正常工作；飞行员和飞控系统无法根据飞行信息正确操控飞机，酿成了悲剧。

2017年，一位老奶奶乘坐中国南方航空航班CZ380出行，上飞机前向发动机中抛撒硬币以祈求平安。要知道，飞机发动机是整个飞机的"心脏"，其中有高速转动的叶片。一枚硬币看似轻小，一旦打到高速的叶片上，叶片断折，折掉的叶片就会随着硬币一起打断其他叶片，这对于发动机来说是致命的。

这件事直接导致了该趟航班延误五个多小时，耗费了大量的人力物力进行硬币搜寻与清除。对飞机飞行来说，发动机卷入异物是最危险的情况之一。

简化的升力方向

一般来讲，"升力"应当总是垂直于气流方向，但随着飞机飞行姿态的变化，气流方向并不总是垂直于重力。为了方便理解，在此只针对水平匀速飞行的飞机进行分析。在这一飞行状态下，气流呈水平方向；同时，忽略发动机轴线方向与飞机轴线间的夹角。也就是说，发动机推力方向、飞机的飞行方向均在同一水平面内且共线；飞机的升力方向为竖直方向，垂直于推力方向和飞行方向，特此说明。

忽略"焦点"

事实上，为使飞行器具有纵向静稳定性，设计时要求飞行器重心位于全机焦点之前。焦点位置指飞机的气动中心位置，正文中为了方便理解使用了"升力中心"的概念代替"焦点"。这两者之间虽然存在误差，但误差的大小在可以接受范围内，因此不属于科学性错误，特此说明。

什么是"控制律"？

控制律是飞控计算机的核心技术，是飞机的控制逻辑，或者说是飞行员对于飞机的姿态变化需求转化为各个操纵面具体作动控制指令的对应关系。合格的控制律不仅要能满足飞机在正常状态下的操纵需求，还应具备识别错误信息、防止飞机失控的能力。可以说，控制律是电传飞机的飞行员控制飞机的核心工具，也是保护飞机远离危险姿态的保护伞。

大气层的厚度

2000千米、3000千米大概有多远呢？北京到广州的距离大概是2000千米，而北京到三亚的距离大概是3000千米，这个距离概念平地而起之后，只能说，大气的顶端没有"最高"，只有你想象不到的"更高"。

"彗星号"的解体带来的启示

这种反反复复、实时变化的，让机身的金属材料出现疲劳现象的载荷叫做"交变载荷"。为了解决这一问题，让飞机能够承受"交变载荷"的作用，设计师们一方面加强了结构强度，另一方面在结构设计过程中就考虑到了一旦发生损伤如何控制损伤规模、不出现灾难性扩大的方法，这就是"损伤容限设计"的最初来源。

什么是"静电屏蔽"？

静电屏蔽是指导体外壳对自身内部起到的"保护"作用，使它的内部不受外部电场的影响。对飞机来说，飞机的蒙皮（外表皮）被设计为导体，这样整个飞机内部都不会受到雷电的影响。

建议你全程系紧安全带！

"风切变""下击暴流"以及"晴空乱流"等并不是只会在低空出现，高空中同样"妖风四起"，看似晴空万里，实则暗流涌动。所以大家在乘坐飞机时最好时刻系好安全带。

小实验的结果

金属的"生锈"需要水和氧气同时参与，而如果水中溶解了盐等电解质，还会加速生锈的过程。因此在这小实验中，生锈速度从慢到快的排序是：1号、2号、3号。另外，相信细心的你已经发现了，钉子在水和空气的界面处生锈得最厉害，因为这里的金属能够同时接触到大量的水和氧气。

做一名"听话"的乘客

人为因素引发的飞行安全事故可不在少数，那么作为乘客的我们又该如何规范乘机呢？最简单的便是服从相关专业人员的管理，而不是盲目相信自己的判断，就至少能做到"不帮倒忙"了。

拓展阅读1：飞机的设计流程

一架飞机并不是凭空想象出来的，设计师需要采用一套科学、可重复的方法来设计飞机。设计流程按时间次序分为总体设计、气动设计、结构设计、工艺性审查、试飞审定等步骤。根据实际的要求，在确定一型飞机的性能目标之后，就可以开始具体的设计流程了。

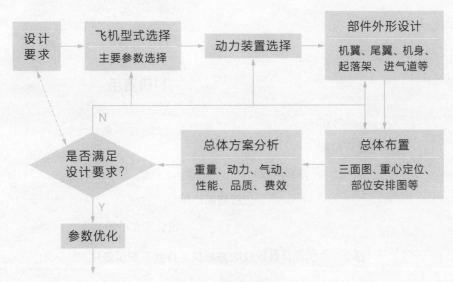

图1　总体设计框架

"总体设计"的过程并不是"一站到底"的，而是不断循环向前，这是总体设计的一大特点。在总体设计阶段，设计师要根据甲方提出的性能目标确定飞机的大致构型。

总体设计的第一步便是气动布局设计。所谓气动布局，就是对飞机构型的描述，比如：机翼要采用三角翼、梯形翼、矩形翼还是别的什么形状？是否要设计尾翼，要的话尾翼要采用哪一种？平尾相对于垂尾要采用哪一种安装方式？发动机的位置是采用翼吊、尾吊还是放入机身？发动机进气道是采用腋下进气、两侧进气、腹部进气还是别的什么方式？起落架是采用前三点式、后三点式、自行车式还是别的什么结构？……

如此多的选择搭配起来，气动布局的形式就会有很多种，设计师们就需要根据任务需求，来选择合适的构型。而与气动布局同时确定的是几个重要参数，这些参数决定了飞机最基本的能力。

在完成了总体设计阶段任务之后，就到了"气动设计"阶段。在这个阶段设计师需要确定飞机各个部分的具体外形特征，比如机翼的剖面形状、机身与机翼连接部位过渡段的整流罩外形等。气动设计的目标是使得飞机达到最优气动性能。但这些参数的确定是一项很复杂的工作，因为相关的参数数量很多而且互不独立，同时改变不同数量的参数之后得到的结果是很难凭直觉与经验直接判断出来的。在无数种参数组合之下寻找最优的搭配，这项工作的难度可想而知。在进行气动设计的过程中，设计师需要获得飞机气动相关的性能参数来评估当前的设计方案。常见的获取参数的手段主要有两种：风洞试验和计算机仿真。在结果出来之后，如果没有达到设计目标，就需要重新进行整体或局部的气动设计，进行微调之后再次进行分析，如此反复直至达到设计目标为止。如果结果非常不理想，设计师甚至需要推翻现有的布局形式，重新进行总体设计。但这种情况是设计师们竭力避免的，因为随着设计流程的推进，开展的时间越长，推翻已有设计从头再来的代价也就越大，就像下图所展示的那样，成本随着设计流程的推进而急剧增加。

事实上，后续的结构设计、工艺性审查等环节还会涉及到很多其他的因素，因此在总体设计时，以牺牲部分气动性能为代价，来达到整体的性能最优的"妥协"是一定会存在的。

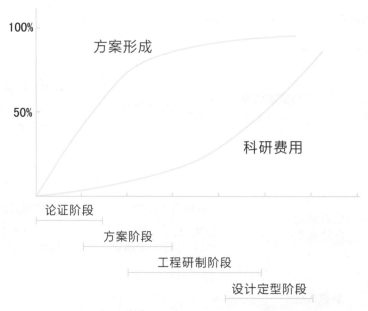

图 2 飞机设计各阶段的方案确定程度及费用变化

在完成了初步的总体设计以及气动设计后，就要进入"结构设计"阶段了。如果说总体设计确定了飞机的大致样貌、气动设计确定了飞机的外形细节的话，那么结构设计的目标就是要设计合适的结构来实现前述的外形——用结构支撑起设计的理想外形，并安全合理地承受和传递飞机所受到的载荷。以飞机的机翼为例，总体设计确定了机翼的大体尺寸以及位置；气动设计确定了机翼各个位置处的剖面形状，而结构设计则要设计出相应的结构来支撑起气动外形。飞行器的结构设计与其他领域的结构设计（比如建筑的结构设计）存在着明显的不同。其中最大的不同在于飞行器结构设计对于重量的高度敏感性，毕竟飞行器是要上天的。对于其他领域结构设计而言，可以牺牲重量来保证安全；但在飞行器结构设计中，需要尽可能用最轻的结构满足相应的设计要求。在飞机设计领域流传着这样一句话：为节省每一克重量而奋斗。如果由于当前技术的限制，无法满足一些特殊外形的需求，那么就要返回上一步气动设计进行调整，甚至需要返回到第一步总体设计阶段进行调整。

在进行结构设计的过程中，还有一项工作会随着结构设计的进行开展，那就是"工艺性审查"。对于一架飞机而言，无论设计的性能指标多么的出众，如果无法生产出来，那也是无用功。工艺性审查存在的意义在于：从生产的可行性以及经济性角度审查目前的设计，以保证飞机的设计方案能够可行且高效地生产。随着时代的发展，工艺性审查对于飞行器设计的指导作用越来越得到重视。在实际设计过程中，往往是聘请有经验的飞行器制造厂工程师对设计方案进行评估，如果现有的技术无法生产或无法保证高成品率，就会重新进行结构设计，甚至是气动设计。

在完成工艺性审查后，一架飞机的设计是否就结束了呢？并不是的。在前述设计过程都完成后，设计方会将此阶段的图纸发与制造方，生产少量（几架）"验证机"，并完成飞机的一系列地面试验以及试飞，目的在于验证实际制造出来的飞机是否达到了当初的设计指标，并在此阶段努力发现设计过程中未发现的问题，再对飞机的设计方案进行整改。对于民用飞机来说，在这个阶段还要进行申请"适航证"所要求的一系列试飞与试验。适航证是由各国的民航局颁发的，它要对飞机的安全性进行验证，为民众负责。

在如上阶段均顺利完成后，飞机的设计过程才算结束，该型飞机才可以进行批量生产销售与使用。

拓展阅读 2：飞机的设计方法与辅助手段

在进行气动设计的环节时，使用到的主要手段是开展风洞试验和进行 CFD 模拟计算。那么什么是风洞呢？风洞，顾名思义，就是"有风的洞"。风洞能给飞机模型提供一个实验环境。为什么要进行风洞试验呢？一个型号的飞机在设计过程中会进行各种各样的计算，但是这些计算有些依赖的是近似公式，有些则直接参照以往的经验值，导致理论的计算存在一定的误差甚至错误，因此得到的结果往往都与真实结果有差异，于是就需要进行地面试验。模拟飞机在天上的飞行状态就是风洞要完成的工作了。

如何构建一个风洞呢？一个风洞都包含哪些部分？

· 为了让洞中有风，是不是先要有一个洞？这部分称为"实验段"，一般是实验模型放置的位置，用来吹风；

· 洞前面是不是要有个口能让空气流进来？这部分称为"进气段"和"稳定段"，而其中稳定段的主要作用是让进入的空气运动得较为规律而增设的；

· 洞后面是不是要有一个风机才能让空气加速而形成风？这部分称为"动力段"；

· 而稳定段与实验段之间衔接的管道被称为"收缩段"，用来给空气加到指定速度留出空间；与之相对的，实验段与动力段之间衔接的管道被称为"扩张段"，用来给风减速留出空间。

图 3 中的这种风洞是闭口直流式低速风洞的典型构型。风洞还有很多种，与闭口相对的还有开口，与直流相对的还有回流，与低速相对的还有跨音速和超音速，将这些特征进行不同的组合，就能得到各种各样的风洞，规模大小也不尽相同：有的小型风洞的横截面只有一人环臂而抱那么大，有的大型风洞则直接嵌在了一栋楼里。

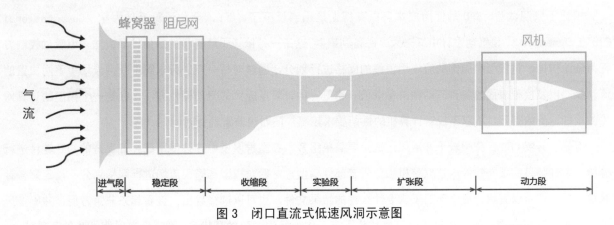

图 3　闭口直流式低速风洞示意图

　　风洞的用途非常广泛。从试验对象讲，不论是整机模型还是部件模型，都可以进行风洞试验；从试验目的讲，升力、阻力、升力系数、阻力系数、速度等一系列飞行参数大部分都可以通过风洞试验获得，气流流过模型后的状态也能在风洞中展现（多用于理论分析）。飞机模型固定在风洞的试验段中，使用风机或者储气罐对它进行吹风，就相当于飞机在以风速往前飞行了，这样一来就能够试验出飞机在真实飞行时能达到的最大飞行速度。当然，风洞只是其中一个设备，提供的是实验的环境，而具体测力、测速以及让气流能够看得见，还需要应变片、皮托管、光栅等其他仪器设备来实现。

　　开展风洞试验其实是一个浩大的工程，风洞试验要进行的准备工作非常繁杂，需要制作模型，风洞储气罐需要先进行储气工作，需要确定想要测量的数据有哪些以及相应的测量工具有哪些，比如加速度计测变形、摄像机和烟雾显示流场等。而在一切准备工作就绪后，装好模型，摆好测试设备，设定好参数，只用按下"启动"按钮就可以进行风洞试验了，整个实验时间也就持续几分钟。试验后拿到第一手数据进行处理分析，即可得到想要测量的参数。但是在这几分钟里，为了达到飞机真实飞行的速度就要产生相等的风速，所消耗的能量是巨大的。若是没有足够的科研经费来支撑，很难进行风洞试验。另外，风洞实验得到的也不是真实的气动结果，因为风洞自身也会带来很多无法完全消除的误差。

图 4　烟雾法示踪

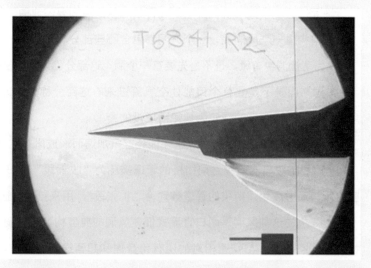

图 5 纹影仪显示激波

　　相比于风洞试验，CFD 的使用成本可以算得上是相当低廉了。CFD，全称计算流体力学（Computational Fluid Dynamics），是气动设计中又一大"必备利器"。这是一种依托于计算机的数值计算方法，以流动控制方程为理论依据，将模型和周围的流场用密集的网格进行划分，通过对每一点进行求解来获得流场中不同位置的流动状态以及模型表面的各种气动相关参量值。这是一种计算量庞大的气动模拟方法，往往一个模型的计算网格数量能达到数百万，所以不仅对计算机的性能要求较高，同时也非常耗费时间。

　　但是，开展 CFD 计算相较于开展风洞试验要简单得多，在型号研发中往往使用已经开发好的 CFD 软件进行分析。设计师只需要在软件内建立整机模型或者部件模型，然后对模型和周围流场进行网格划分，设定好各种属性参数，就可以开始计算。而对于需要什么样的结果文件，也可以选择导出，查看起来非常方便，并不像风洞试验那样吹过一次，如果错过了就只能从头再来。作为风洞试验的替代品，CFD 拥有风洞试验的各种能力，

不论是计算参数还是显示整个流场状态，甚至模拟出模型的状态都不在话下。所以对于一个新研发的型号，进行各种 CFD 计算也能够模拟飞机飞行的环境，从而得到贴近于现实的结果。这种结果的表现往往是体现在过程中的，即每一个时刻的结果都能看到，而并非实验结束之后只得到一个数值。

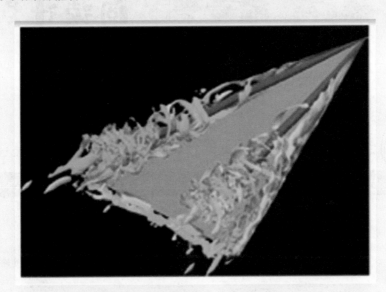

图 6　某一种 CFD 计算结果云图

而在飞行器结构设计阶段，也就是固体力学以及结构力学领域，除了常规的物理实验外，设计师也会使用计算机仿真方法进行分析和设计工作。

对于一种结构，设计师希望它能够支撑起设计的外形，并能够承受相应的载荷。前者对应着结构的几何指标，后者对应的是结构的承载指标。当一种结构被设计出来时，几何指标一般是比较容易去评估的：只需要将实际结构的几何外形与设计出的理想外形进行对比即可，而承载指标就较难评估了。在基于有限元素法的计算机模拟仿真技术成熟之前，只能通过人工计算（工程算法）以及实际的物理实验评估结构的承载性能。人工计算存在着可能考虑因素不全的问题，物理实验的成本又过于高昂。可以说早年间，这二者是结构设计的工具，同时也是结构设计的掣肘。

基于有限元素法的计算机仿真技术（下称计算机仿真）则很大程度上弥补了这些不足。计算机仿真是一种"仿真实验"。一般来说需要进行评估的结构十分复杂，无法直接对其应用十分成熟的工程算法。比如，人们可以很轻松地评估一根只受拉力的圆柱体铁棒，但如果是一个"奇形怪状"且受到的载荷种类、方向都十分复杂的对象，则很难再去直接使用工程算法进行分析。此时，设计师就要使用到计算机仿真。在这种方法中，计算机会在工程师的指令下，将复杂的实验对象划分为大量、尺寸很小的单元，而划分后的单元则近似可以视为外形规则且受载形式简单的物体。对于划分后的单元，设计师就可以应用很成熟的工程算法了。然而人工进行数量庞大的细小单元工程算法分析是不现实的。目前的计算机已经有能力处理庞大规模的计算量，这使得"仿真实验"成为现实。时至今日，飞行器结构设计阶段是工程算法、实际物理实验和计算机仿真三者并行的。

不难发现，计算机技术对于航空领域的发展起到了至关重要的助推作用。

本书配有智能阅读助手，为您1V1定制

《你好！航空器》阅读计划

帮助您实现"时间花得少，阅读体验好"的阅读目的

(建议配合二维码一起使用本书)

您可根据自己的学习需求，量身定制专属于您的阅读计划：

阅读服务方案	阅读时长指数	为您提供的资源类型	帮助您达到以下学习目的
1. 高效阅读	阅读频次 较低 每次时长 较短 总共耗费时长 ■■□	技巧类·总结类	直观理解飞机飞行中的物理知识。
2. 轻松阅读	阅读频次 较高 每次时长 适中 总共耗费时长 ■■■□□	基础类	全面认识航空器的各种类型。
3. 深度阅读	阅读频次 较高 每次时长 较长 总共耗费时长 ■■■■□□	拓展类·拔高类	科学培养孩子乘机安全意识。

针对您选择的阅读计划，您可以享受以下权益：

立刻获得的主要权益

1套科普认知类亲子网课
专家授课免费学
指导家长呵护孩子身心健康

1套本书配套资料包
由出版社独家提供
辅助家长高效伴读

1套专享礼券包
内含实体书和课程专享礼券包
可在积分商城兑换实体书或精品课程

每周获得的主要权益

专属伴读资讯
16周最新亲子伴读资讯
每周2次推送

亲子活动
16周家庭亲子活动方案
每周1次

精选好书推荐
16周精选伴读好书推荐
每周1次

长期获得的主要权益

▶ 线上精品课　　亲子伴读名师线上精品课分享　　不少于1次

▶ 线下活动报名　　线下辅导课或夏令营活动推荐　　不少于1次

▶▶▶

微信扫码

只需三步，获取以上所有权益：

1. 微信扫描二维码；
2. 添加智能阅读助手；
3. 获取本书权益，提高读书效率。

❶ 鉴于版本更新，部分文字和界面可能会有细微调整，敬请包涵。